AF355649

LE DRAP "ESCARLATE"

AU MOYEN AGE

Essai sur l'étymologie et la signification du mot " Écarlate "
et notes techniques sur la fabrication de ce drap de laine au moyen âge

LE DRAP "ESCARLATE"

AU MOYEN AGE

ESSAI SUR L'ÉTYMOLOGIE ET LA SIGNIFICATION DU MOT

ÉCARLATE

ET NOTES TECHNIQUES SUR LA

FABRICATION DE CE DRAP DE LAINE AU MOYEN AGE

PAR

J.-B. WECKERLIN

LYON

A. REY & Cⁱᵉ, IMPRIMEURS-ÉDITEURS DE L'UNIVERSITÉ

4, RUE GENTIL, 4

1905

A MON ONCLE

J.-B. WECKERLIN

Bibliothécaire au Conservatoire national de musique à Paris.

*Hommage affectueux au vénéré
doyen de la famille et à l'infa-
tigable travailleur octogénaire.*

J.-B. Weckerlin

Lyon, le 1er Janvier 1905.

PRÉFACE

L'histoire des corporations d'arts et métiers au moyen âge est un thème qui occupe depuis longtemps les chercheurs et les savants de tous les pays. Les études sorties de leur plume formeraient une bibliographie assez volumineuse et qui serait très instructive[1]. *Depuis la publication du « livre des métiers d'Etienne Boileau » par G.-B. Depping, ouvrage qui fut une véritable révélation, le sujet a fait fortune. Les corporations d'arts et métiers ont été examinées aux points de vue les plus différents : organisation des corporations, rôle religieux, politique, social, économique, etc., etc., mais le côté industriel, la partie technique, moyens de production, outillage des artisans, procédés de fabrication n'ont fait, jusqu'à ce jour, l'objet d'aucune étude approfondie.*

Pourquoi l'histoire technologique des arts et métiers au moyen âge, a-t-elle été négligée ? Il serait cependant

[1] Nous n'oublions pas la bonne bibliographie des corporations ouvrières par H. Blanc, Paris, 1885 ; mais cette publication embrasse une période très vaste ; elle part de l'origine et va jusqu'à l'année 1789. En outre, elle ne se rapporte qu'aux documents français ou écrits en langue française. Depuis l'année de sa publication, les ouvrages nouveaux sur ce sujet sont fort nombreux.

intéressant de connaître les procédés de fabrication qui
étaient employés par les humbles prédécesseurs de nos
grands industriels modernes. Bien des inventions, auxquelles on assigne une date relativement récente, se
retrouveraient à une époque qu'on qualifie encore assez
volontiers d'obscure lorsqu'il s'agit de technologie. Le
chercheur patient ferait des trouvailles curieuses et il
pourrait inscrire en tête de ses recherches : « Nihil
novi sub sole ! »

Il y a là un terrain très vaste qui est encore en fri-
che, mais, hélas ! il ne faudrait pas entreprendre ce
dur labeur dans l'espoir d'un lucre, même modeste...
Ceux qui devraient encourager particulièrement les
études de ce genre, nos industriels, n'ont pas de temps
à consacrer à la lecture de « vieux documents » qui ne
leur rapporteraient aucun avantage matériel, aucun
perfectionnement nouveau. Ils ont déjà fort à faire
pour se tenir au courant des publications modernes,
industrielles et scientifiques. La lutte pour l'existence,
dans notre siècle de vapeur, d'électricité (et d'argent),
est tellement âpre qu'ils n'ont que faire des procédés
de fabrication de leurs confrères des XIIe, XIIIe et
XIVe siècles, « requiescant in pace ! »

Ce n'est donc pas à eux qu'il faudrait s'adresser
pour rencontrer des sympathies et des encouragements.
C'est encore auprès de l'historien, de l'économiste, de
l'archéologue toujours heureux de voir un nouveau
rayon de lumière pénétrer dans l'histoire du moyen
âge, que des études de ce genre trouveraient un accueil
favorable.

Les motifs pour lesquels les questions technologi-

ques n'ont été qu'effleurées jusqu'à ce jour peuvent se résumer ainsi : Les documents publiés renfermant des indications intéressant l'exécution du travail au moyen âge, les données réellement techniques, sont encore rares. C'est le travail de l'historien, du paléographe, de les mettre au jour. Une fois que ces documents seront accessibles, en grand nombre, au technicien préparé par des études approfondies à les comprendre, son éducation industrielle, technique, lui permettra de nous les expliquer.

M. H. Pirenne, de l'Université de Gand, l'historien moderne de la Belgique, a compris le grand intérêt que présenteraient des recueils de documents de ce genre, et il nous prépare en collaboration avec M. Espinas, de Paris, la publication de toutes les pièces, ordonnances, règlements, etc., concernant l'art de la draperie dans les Flandres au moyen âge. Nul doute que ces documents, se rapportant à une époque où les Flandres détenaient pour ainsi dire le monopole de la fabrication de la belle draperie fine, ne nous révèlent une infinité de détails très intéressants pour les différentes phases de la fabrication des tissus de laine. Un travail documentaire analogue se rapportant aux républiques de l'Italie du Nord serait un digne pendant au travail entrepris par M. Pirenne[1].

---

[1] Doren, dans sa belle et consciencieuse étude sur l'art de la draperie à Florence, que nous aurons à citer souvent dans le cours de notre travail, avoue lui-même avoir été obligé de négliger la partie technologique. Cependant, il nous donne quelques pièces intéressantes dans les documents justificatifs. Nous regrettons vivement que certaines pièces uniques, par exemple celles concernant l'art de la teinture, n'aient pas été publiées intégralement.

Pour la France, en général, nous possédons le grand recueil classique des « Ordonnances des rois de France de la troisième race » par Laurière, Secousse, de Villerault, etc..., publié de 1723 à 1849. Cet ouvrage, au point de vue des arts et métiers, donne un grand nombre de pièces intéressantes, mais il n'épuise nullement le sujet, car il ne contient que des ordonnances royales [1].

L'essai que nous donnons dans les quelques pages qui vont suivre, sur l'étymologie du mot écarlate et sur sa signification au moyen âge, a pour but de démontrer que la connaissance approfondie de l'histoire technologique des arts et métiers pourrait être d'un précieux concours pour l'explication de textes restés incompréhensibles et jeter également de la lumière sur l'étymologie de certains mots sur lesquels on n'a émis jusqu'à présent que des hypothèses. Dans le cas particulier de l'art de la draperie qui va nous occuper, cet essai laissera, nous l'espérons, l'impression que les draps fins fabriqués au moyen âge n'étaient pas à comparer aux draps grossiers que fabriquent aujourd'hui encore nos montagnards pyrénéens et alpins, ou les habitants des steppes russes, comme l'ont prétendu certains auteurs, mais bien des draps d'une beauté et d'une finesse comparables aux plus beaux produits de notre industrie moderne.

[1] Sans entrer dans d'autres détails, nous tenons cependant à mentionner ici les Monuments inédits d'A. Thierry, puis les Recueils de documents, publiés par M. Fagniez.

LE DRAP '' ESCARLATE ''

AU MOYEN AGE

Essai sur l'étymologie et la signification du mot '' Écarlate ''
et notes techniques sur la fabrication de ce drap de laine au moyen âge

---

I

INTRODUCTION

Une question restée encore assez obscure, malgré
le grand nombre de personnes, historiens, linguistes,
archéologues, etc., qui s'en sont occupés, est celle de
l'étymologie et de la véritable signification du mot
« escarlate » au moyen âge. De prime abord, la question semble très embrouillée, car nous trouvons des
textes de la même époque, où écarlate est tantôt employée dans le sens de couleur rouge, tantôt dans le
sens de qualité de drap, sans distinction de coloris.
Voici deux exemples typiques : « Item que nul dra-
« pier, chapperonnier ne autre, ne vende drap pour
« escarlate, se il n'est tout pur de graine, sans autre
« mistion de tainture quelconque[1].... »

.....Aucun doute n'est possible ; d'après cet exemple,
écarlate désigne un drap rouge, teint en graine et est

---

[1] Règlement des drapiers de Paris de 1362, § 25. — Lespinasse,
les Métiers et Corporations de Paris, t. III, p. 145.

nettement employé dans le sens de couleur. Autre exemple : « De par la duchesse de Bourgogne. — « Baillif. — Nous vous prions tant acertes comme « plus poons et pour cause qui moult touche à notre « honneur et notre estat que vous nous envoiez dues « esquallates blanches gontée de vermeil, une esqual- « late vermoille et une autre paonace qui se traie aussi « comme sur morey, c'est-à-dire qu'elle ait colour de « droite violete. Et toutes ces quatre esquallates soient « les meilleurs et les plus fins que l'on pourra recou- « vrer, combien que elles doient couster[1] ..... » Ici, il s'agit de draps fins et de différentes couleurs.

Le sujet de cette étude nous fut suggéré par un entretien que nous avons eu avec M. Pirenne, il y a environ deux ans, et où M. Pirenne émettait l'opinion que l'étymologie du mot écarlate pourrait bien être cherchée dans le mot flamand : « scaerlaken ». « scar- laken », drap-tondu. Nous préférons le sens de drap à tondre ou à retondre. Les raisons qui militent en fa- veur de cette étymologie sont nombreuses, comme nous allons le voir dans la suite. Le mot « scarlaken » a passé de bonne heure dans la basse latinité sans beau- coup de changements, sous la forme de « scarlatum ». Nous le retrouvons en langue picarde orthographié « escarlaken[2] » dans Dehaisne[3] à plusieurs endroits

[1] 21 mai 1335. Extrait de Dehaisne, *Documents et extraits divers concernant l'Histoire de l'Art dans la Flandre, etc.*, Lille, 1886, t. I, p. 300.

[2] Extrait d'un compte d'Ypres de 1385 : « Item a luy pñt VI beckets LXII. Idem a luy pñt escarlaken sangwyn large, 1 verd et 1 blanc. *Société d'émulation pour l'étude de l'histoire et des antiqu. de la Flandre*, t. III, 2ᵉ série, p. 135.

[3] Dehaisne, *loc. cit.*

on trouve ce mot écrit : « scarlate ». Il a également passé dans la langue anglaise sans modification essentielle sous la forme de « scarlet ».

L'addition de la voyelle initiale *e* aux primitifs latins commençant par *sc* est presque générale et de la même façon le *sc* dans le mot flamand « scarlaken » s'est transformé en « escarlaken » et de là en « escarlate ».

Nous avons retrouvé un exemple tout à fait analogue d'étymologie, en étudiant un acte notarié de 1545 aux archives d'Ypres[1].

A plusieurs reprises, nous avons rencontré le mot « scankeloene » qui, de prime abord, nous était incompréhensible, mais qui ne pouvait logiquement, et dans tous les cas où nous l'avions trouvé, être traduit que par notre mot échantillon. Dans d'anciens textes nous retrouvons le mot orthographié « escantillon » et « eschantillon » ; dans la langue anglaise, nous retrouvons ce même mot sous la forme de « scantlon ». D'un autre côté, nos recherches faites en vue de trouver une étymologie plausible du mot « échantillon » sont restées infructueuses. Avant de développer les arguments qui parlent en faveur de la dérivation du mot « escarlate » de « scarlaken », démonstration que nous espérons pouvoir faire plus facilement en nous appuyant sur l'exposé technique de la fabrication des draps écarlates au moyen âge, nous croyons qu'il n'est pas hors de propos de consigner ici les différentes opinions qui ont été émises, autant au sujet de l'étymolo-

---

[1] Pièce analysée par Diegerick, *Inventaire des chartes et documents de la ville d'Ypres*, t. V, p. 268.

logie que de la signification de ce mot, par différents auteurs et à différentes époques :

Du Cange dit : scarlatum, scarlata, squalata, coccus, vel coccinus, vel pannus coccineus..... et, plus loin, il dit : « latine vero grana tinctorum unde tingitur scarlatum..... Quidam ex Arabico Yxquerlat, quod idem sonat deductam vocem volunt ». Les exemples qu'il cite ne prouvent pas que le mot « scarlatum » n'était employé que pour désigner un drap rouge teint en graine ou en kermès. Au mot « escallata » il cite des exemples qui contredisent l'opinion émise au mot « scarlatum », par exemple « escarlate brune », mais il ajoute « purpuram intelligo ».

La Curne de Sainte-Palaye. « Escarlate », drap au xiie siècle, il signifie étoffe de pourpre. Et comme preuve il cite un passage de Thomas de Cantorbery : « Donc devint li sainz hom plus vermeilz, quant ço vit, que nen est escarlate ». — Il est partisan de l'acception de drap invariablement rouge ; cependant son exemple n'est pas bien probant, car il a bien pu être dans l'esprit de l'auteur de dire : « que nen est « escarlate vermeilz », il n'a pas voulu répéter deux fois ce mot. La Curne ajoute : « A partir du xve siècle c'est une étoffe de couleurs diverses. »

Voici l'avis de Beckmann [1] (le père de la technologie) : « On appelait la marchandise teinte en kermès « scarlata, squarlata », etc... ; tout le monde trouvera que ces mots ont une analogie très grande avec notre

---

[1] Beckmann, *Beyträge zur Geschichte der Erfindungen*, t. III, Leipzig, 1792, p. 39.

« Scharlach », mais il n'est pas si facile de trouver la première étymologie de ce terme ».

Pezron (Paul), dans les Antiquités de la nation et de la langue des Celtes [1], fait dériver écarlate de la la langue celtique et dit qu'il signifie autant que Galaticus rubor (rouge gaulois). Littré est également de cet avis.

Spaten [2] dit que le mot « scharlach » est tout à fait allemand et est dérivé du mot « Schor » qui signifie le feu et « Laken », drap. Drap de feu, drap vif, couleur de feu.

D'autres, d'après Beckmann veulent trouver une certaine analogie entre les mots, « quisquilium, cusculium ou scolecium » employés par Pline et le mot « scarlatum ». Une autre étymologie très ingénieuse, mais bien invraisemblable est celle cherchée dans le rapprochement des deux mots kermès et laque *(lack);* en supprimant la seconde syllabe de kermès et en mettant un *s* au commiencement, on obtient « skerlack » et l'auteur ajoute : Si on admet la dérivation du mot arabe *lack* = rouge, cela signifierait « vermiculare rubrum (rouge de kermès). Si on admet la dérivation du mot flamand « laken », cela signifierait « pannus vermicularis », drap teint en (kermès [3]).

Reiske, dans ses remarques sur Constantini libr. de ceremoniis aulæ Byzantinæ [4], dit : vocabulum Scharal

---

[1] Paris, 1703.

[2] Spaten (Stiler), *der deutschen Sprache Stambaum*, Nurnberg, 1691, in-4°, S. 1062.

[3] Beckmann, *loc. cit.*, t. III. p. 40.

[4] II, p. 137 a.

quod coccineum colorem notat in Galii Lexico non prostat ; habetur tamen in Moallacah quinta. L'étymologie que Reiske donne à la même occasion du mot charlatan est plus intéressante, il croit que les acrobates, prestidigitateurs qui étaient au moyen âge habillés de rouge furent appelés « scarlatati » ou « scarlatani », de là le mot charlatan. Mais la dérivation du mot « ciarlare », bavarder, de là le mot italien « ciarlatano », est tout aussi acceptable.

Le Grand d'Aussy [1] également éprouve de l'embarras pour expliquer le sens du mot écarlate, il dit : « Pour moi, sans vouloir entreprendre ici des discussions qui sont fort au-dessus de mes connaissances, je proposerai une conjecture ; c'est que pendant longtemps, l'écarlate et la pourpre ne s'étant employées à cause de leur cherté que pour la teinture des draps les plus fins, on donna par la suite le nom de pourpre et d'écarlate, non à la couleur, mais à l'étoffe elle-même, quelle que fût la couleur. »

Viollet-le-Duc [2]. Parmi ces étoffes de luxe et très probablement de soie, il faut citer la pourpre et l'écarlate. Il y en avait de toutes couleurs, et ces désignations indiquaient une qualité, non point une nuance.

Gachet [3] interprète le mot écarlate par étoffe d'un rouge éclatant. Quand à l'explication des diverses nuances de l'étoffe qui portait ce nom, cet auteur dit :

[1] Note 3 au Lai de Lanval (Fabliaux ou contes), édit. de Renouard, t. I, p. 180.

[2] Dans le *Diction. du Mob. français.*

[3] Glossaire, p. 725.

« tout cela rappelle un peu l'extension que les Romains donnaient à leur mot purpureus [1]. »

GAILLARD EDW. (Dans le glossaire flamand, faisant suite à l'inventaire des archives de Bruges de Gilliodts van-Severen). « Sorte d'étoffe de luxe qui se fabriquait en toutes nuances », et, plus loin, il dit : De plus « scaerlaken » présuppose une étoffe de luxe.

VICTOR GAY [2]. L'écarlate est une teinture de toutes couleurs et nuances vives auxquelles l'immersion dans un bain de kermès ajoutait un éclat particulier..... La plupart des écarlates mentionnées dans les inventaires du XIVᵉ siècle sont de couleur sanguine (rouge) rosée, vermeille, violette, plus rarement noire. (Cette opinion au sujet d'un bain de teinture supplémentaire en kermès, pour donner un éclat particulier est évidemment fausse. Pratiquement, ce genre de teinture serait complètement impossible, car il aurait pour résultat des nuances ternes, noirâtres, sans aucun éclat. Du reste, l'opinion de Gay n'est basée sur aucun texte, ni sur aucun règlement de teinture pouvant faire supposer une pratique semblable.)

GODEFROY FR. [3]. « Escarlate », sorte de drap de

---

[1] Il n'y a aucune analogie entre ces deux cas ; Purpureus appliqué en terme de teinture, c'est-à-dire à une fibre textile, désigne toujours une couleur rouge ; mais ce mot s'appliquait également dans tout un autre sens, pour désigner la mobilité, la vivacité, la rapidité : Homère l'applique aux vagues de la mer, Horace parle des ailes pourpres des cygnes qui traînent le char de Vénus. On trouve également l'épithète de purpureus appliquée à la neige, etc... Voir, à ce sujet, l'intéressant travail du Dʳ A. Dedekind, *Ein Beitrag zur Purpurkunde*, Berlin, 1898.

[2] *Glossaire archéologique du moyen âge*, 1882-1887.

[3] *Dictionnaire de l'ancienne langue française*, Paris, 1880-1902.

qualité supérieure, dont la couleur variait beaucoup (opinion qui est juste, mais pour une certaine époque seulement).

Schmoller[1]. Le mot écarlate, « scarlatum », se rencontre dès le xie siècle (il s'appuie sur l'autorité de Muratori, Antiqu., II, p. 415) il désigne des draps fins d'un rouge éclatant, mais aussi de couleur brune, verte, bleue et blanche.

Francisque Michel[2]. Une pareille épithète à la suite d'« escarlate » (vermeille), sans parler de l'espèce de synonymie qui semble établie ici entre ce mot et celui de pourpre, suffit déjà pour nous faire soupçonner que le premier de ces mots désignait, comme le second, une étoffe et non une couleur : ce qui est parfaitement vrai pour toutes les époques du moyen âge.

Bourquelot[3] Fél. L'écarlate. La couleur éclatante que recevait d'ordinaire cette étoffe de laine, riche et estimée entre toutes, s'obtenait jadis au moyen du kermès, petit insecte qui, desséché, a l'apparence d'une graine rouge et que pour cela on appelait graine d'écarlate, ou simplement graine..... Du reste, la teinte et même la couleur de l'écarlate pouvaient beaucoup varier, car on trouve des écarlates brunes, vermeilles, sanguines, pourprées, rosées, morées, violettes, paonaces; on en voit même de grises et de vertes. L'écarlate de Venise, celle de Gand, que désignent les proverbes

[1] Schmoller, *Die Strassburger Tucher-und Weberzunft*, Strassburg, 1879, p. 426.

[2] *Recherches sur les étoffes de soie d'or et d'argent pendant le moyen âge*, p. 20.

[3] *Etudes sur les foires de Champagne*, 1re partie, p. 235.

et dictons publiés par M. Crapelet, et, en général, l'écarlate de Flandre étaient en grande réputation au moyen âge..... On se servait, pour tisser cette étoffe. des laines les plus fines, et son prix était supérieur à celui des autres draps de laine.....

CRAPELET [1]. « Esquarlate » de Gand. Couleur et étoffe d'écarlate de Gand. On obtient la belle couleur d'écarlate au moyen du kermès. Dans nos fabliaux, écarlate et pourpre sont synonymes ; mais ce mot écarlate désigne aujourd'hui la couleur rouge très vive de l'ancienne pourpre de Tyr, et le mot pourpre, une couleur rouge violette. Il y a différentes nuances de rouge pour la couleur pourpre ; il n'y en a qu'une pour l'écarlate.

OTT ANDRÉ [2] fait dériver le mot « escarlate » du persan « Sakirlât [3] ». Il dit : « Jusqu'à nouvel ordre et en dépit des difficultés qu'elle présente, cette étymologie semble la plus satisfaisante. Ecarlate ne se trouve

[1] *Proverbes et dictons populaires*, Paris, 1831, p. 95.

[2] *Etudes sur les couleurs en vieux français*, thèse présentée à la Faculté de Zurich, Paris, 1899.

[3] Il nous semble plus probable que ce mot soit entré dans la langue persane, ainsi qu'il a dû entrer dans la langue arabe (voir Du Cange), par suite du grand trafic qui se faisait en Asie Mineure et dans les pays barbaresques avec les draps écarlates, dès le commencement du XIIIe siècle (peut-être même bien avant). Heyd (*Geschichte des Levante Handels*, t. II, p. 696) nous dit que les draps arrivaient à Venise de toutes les villes industrielles de l'Angleterre, des Flandres, de la France et de l'Italie, pour être trafiqués dans les échelles du Levant. Les Florentins, à eux seuls, fournirent aux bateaux vénitiens, en 1420 (avant qu'ils n'eussent leurs propres navires), 16.000 draps qui étaient conduits dans les échelles du Levant ; il ajoute que les draps écarlates jouissaient d'une faveur spéciale auprès des princes de l'Orient.

pas en vieux français comme adjectif; comme substantif il signifie « étoffe fine d'un rouge vif » et « étoffe
fine ». Écarlate a ainsi subi le sort des autres noms
d'étoffes désignant originairement une couleur. On peut
encore moins avancer que pour pourpre, que l'une de
ces significations se trouve dans des textes savants ou
non savants, écarlate n'étant pas d'origine latine. En
ancien italien, par exemple, au xiiiᵉ siècle « scarlatto »
est adjectif et substantif, et ne désigne que « rouge vif »
et « couleur rouge, étoffe rouge ». Il n'est pas emprunté au français et prouve que la signification générale de « étoffe fine » est propre à cette dernière langue. Quelle que soit l'étymologie, son sens originaire
doit avoir été celui de « rouge »..... J'ai été frappé de
voir dans mes nombreuses lectures l'attribut rouge ou
teint en rouge accompagner si fréquemment le mot
écarlate; j'en conclurais volontiers à une légère rémi-
niscence de l'ancienne et seule couleur que pouvait
avoir ce vocable dans sa signification première ; à
moins qu'on se contente d'y voir la préférence accor-
dée à la couleur rouge[1].

Toutes les étymologies du mot écarlate que nous
venons de citer sont beaucoup moins vraisemblables,

---

[1] M. Dreger, dans un ouvrage sur le tissage de la broderie récem-
ment publié par les soins de l'imprimerie impériale de Vienne, dit,
p. 144, note 2 : « Escarlate » soit dit en passant, n'est pas une désignation de coloris, mais le nom d'un tissu de lin ?

C'est la seule fois que nous ayons rencontré cette interprétation
du mot « escarlate ». Il aurait été intéressant de savoir où M. Dreger
s'est formé cette opinion. Moritz Dreger, *Künstlerische Entwickelung
der Weberei und Stickerei*, Wien, 1904, 3 vol. in-4.

J. Vercoullie, *Etymologisch Woordenbock der Nederlandsche taal*,
fait également dériver le mot « Scharlaken » du persan.

même à première vue et sans autre examen, que celle
donnée par M. Pirenne. En outre, cette étymologie
nous a mis sur la voie du véritable sens du mot écarlate au début. D'après nos recherches, que nous allons
donner dans la suite, le mot écarlate lorsqu'il a passé
dans la langue française (comme du reste dans beaucoup d'autres langues), servait à désigner non pas une
seule qualité de drap, mais toute une catégorie de
draps fins, qui ne devenaient des écarlates qu'après
avoir subi toute une série d'opérations d'apprêt dont
la tonde souvent répétée formait la base. Ces opérations de tondage au début ne se faisaient pas dans le
pays de production même, par exemple en Flandre,
mais étaient faites par des artisans spécialistes très
experts dans ce genre de travaux comme l'étaient par
exemple les apprêteurs de la « Calimala » de Florence.
Les draps simplement foulés, c'est-à-dire sans lainage,
tondage, ou teinture, les draps « écrus » (dénommés
aussi draps blancs), draps à tondre, « scarlaken »,
étaient vendus à des villes industrielles plus avancées
dans l'art de donner les derniers apprêts aux draps fins,
fabriqués avec des laines fines (anglaises). Plus tard,
les producteurs de draps fins ayant appris à donner
eux-mêmes ces apprêts, les écarlates se terminèrent
dans le pays de fabrication. Mais ces opérations de
tondage se faisaient par une corporation spéciale d'artisans, les tondeurs « à fin », appelés dans les Flandres
« droogscheerders », et, par suite de ces apprêts et spécialement de ces tondes nombreuses données à cette
catégorie de draps fins, le nom de « scarlaken » était
encore bien approprié. Ces draps fins au moment où

ils furent terminés complètement dans leur pays de fabrication avant d'être livrés au commerce, avaient cependant encore besoin d'être retondus une dernière fois, soit dans le pays de consommation, soit avant l'emballage définitif pour l'exportation dans les pays lointains, où le retondeur de draps n'existait pas. Encore une raison pour maintenir le terme de « scarlaken » (drap à retondre) pour cette catégorie de tissus. Nous aurons l'occasion d'expliquer plus loin la raison pour laquelle les draps fins à surface soyeuse avaient besoin de l'opération de retondage.

Le goût du moyen âge étant aux couleurs vives, éclatantes, il est tout naturel qu'on appliqua de préférence sur les draps de haut prix, comme les écarlates, la teinture la plus vive et la plus solide qu'on était capable de produire. Le rouge au kermès ou à la graine répondait entièrement à ces exigences, et, dès lors, rien de surprenant qu'on rencontre les écarlates vermeilles, sanguines, beaucoup plus souvent que les autres nuances [1].

[1] Dans un acte de donation de 1172, de l'empereur Frédéric I au comte de Gueldre, ayant trait à Nymègue, il est dit : « Ut ipse et eius successores imperatori de eodem telonio singulis annis tres pannos scarlacos, bene rubeos, anglicenses, ardentis coloris .. assignare debent. » Ici écarlate désigne bien la qualité du drap, puisqu'il ajoute : bene rubeos, d'un bon rouge, de laine anglaise et de couleurs vives. Cette citation marque bien la préférence du moyen âge, dont nous parlions plus haut. Déjà, au milieu du XIe siècle, l'empereur Henri III avait fait don de Nymègue au comte de Clève, avec la même redevance, à savoir : la livraison de trois draps écarlates de laine anglaise « tres pannos scarlitinos anglicanos », mais le texte ne porte pas encore de spécification de coloris comme celui de 1172.

Outre le rouge très vif, on ne pouvait produire que du jaune à la gaude pouvant se comparer, comme éclat, au rouge à la graine, mais cette nuance n'était pas beaucoup demandée. Les bleus clairs, par exemple, faits à la cuve au guède (pastel) devaient paraître singulièrement gris et ternes comparés à l'éclat du rouge au kermès. Le rouge étant de plus en plus demandé sur ces draps fins, il n'y a rien d'étonnant que petit à petit drap et couleur se confondent et que finalement « écarlate » ne signifie plus que drap fin teint en graine, et que la graine elle-même prenne la désignation de graine d'écarlate.

Ce qui a induit en erreur presque tous ceux qui se sont occupés de cette question et qui prétendent que le mot écarlate désignait une couleur rouge au début et finalement un drap fin de toutes nuances, est le fait qu'ils n'ont pas fait remonter assez loin l'origine d'écarlate et que, d'un autre côté, ils ont été déroutés par les citations d'écarlates de toutes nuances, trouvées dans les romans de chevalerie, fabliaux, chansons de geste, etc. Ces documents littéraires sont à peu près les seuls dans lesquels ils ont puisé.

La tradition et le langage populaire, que parlaient également les trouvères et les poètes, avaient conservé jusqu'au commencement du xvi° siècle l'ancienne signification de drap fin au mot écarlate, tandis que les gens de métier, drapiers, teinturiers, apprêteurs en langage technique, ne connaissaient plus, sous la désignation d'écarlate, qu'un drap fin rouge et teint exclusivement en graine.

Nous avons, au cours de cette étude, acquis l'impression que le mot écarlate « scarlaken », au moment où il apparaît, était plutôt une expression commerciale et populaire, appliquée à la catégorie des draps fins, tondus, qui vont nous occuper. Chez les gens de métiers drapiers, teinturiers (dans les keures et ordonnances), le mot écarlate se trouve rarement.

Les commerçants, drapiers-marchands et les consommateurs se servent couramment de ce mot, aussi, figure-t-il, dès le début, dans les droits de péages, tonlieus, etc... Chez l'artisan, nous ne rencontrons cette expression que plus tard et elle devient d'un usage fréquent, une fois que le mot a pris pour eux la signification de drap fin, teint en graine.

Pour bien faire comprendre ce qu'était le « scarlaken », l'écarlate, comparé à la draperie commune, nous allons donner des détails techniques sur la fabrication du drap, et spécialement sur les draps fins.

Nous ne donnerons cependant qu'un aperçu schématique de la plupart des opérations, sauf pour le tondage et les différentes opérations d'apprêts (lainage, teinture) qui, pour la compréhension de notre sujet, nous ont semblé mériter une certaine extension. Nous nous réservons de traiter dans une autre étude, plus longuement, la partie technique de l'art de la draperie au moyen âge.

II

NOTES TECHNIQUES

AU SUJET DE LA FABRICATION DU DRAP ÉCARLATE

AU MOYEN AGE

Au début de la fabrication des draps écarlates que nous faisons remonter à une époque plus reculée que celle où les laines anglaises étaient la seule matière première servant à la fabrication des draps fins, ces tissus étaient faits avec des laines indigènes, soigneusement triées. Dès le milieu du xie siècle, comme règle générale, c'était la laine fine d'Angleterre qui servait à la fabrication des écarlates.

Nous passons les différentes opérations de désuintage, triage, battage, arçonnage[1], pour ne dire que quelques mots sur les premières opérations préparatoires de la filature, le peignage et le cardage. La laine bien ouverte par le battage était ensimée avec du beurre et du sain-

---

[1] L'arçonnage était une opération qui se faisait plus particulièrement en combinaison avec le cardage de la laine.

Doren, *Die Florentiner Wollentuchindustrie*, Stuttgart, 1901, in-8, au chap. ii, page 41, donne une bonne nomenclature des opérations que subissait la laine à Florence avant la filature, il a suivi les indications du « Codex Riccardianus », n° 2580 qui date du xve siècle ; nous renvoyons à ce travail.

doux, en somme, une graisse consistante. Le peignage
fournissait les fibres les plus longues et susceptibles de
former des fils beaucoup plus fins que la laine travaillée
à la carde. Le travail au peigne était très différent de
celui à la carde ; et le produit du cardage était toujours
considéré comme une matière inférieure. Le fil de
chaîne était toujours obtenu avec du peigné ; la trame,
pour certaines qualités de draps, pouvait être de laine
cardée, mais jamais dans les draps fins qui nous occu-
pent, il n'entrait de la laine cardée. Les écarlates étaient
des tissus de peigné pur. On « tirait d'abord l'estain
« (la laine destinée à la chaîne en général, et à la trame
des tissus fins) à l'aide du peigne, puis les fibres· plus
courtes qui restaient étaient cardées, soit pour du fil
de trame[1] destiné à des draps moins fins, soit pour la
fabrication des couvertures. La laine cardée servait
également dans la fabrication des chapeaux. D'une
façon générale, on peut dire que la laine peignée jouait
le plus grand rôle, la laine cardée étant relativement
peu employée en draperie, avant la fin du xve siècle ;
c'était un produit inférieur, dont l'emploi était quelquefois même complètement interdit[2]. Dans les keures et

---

[1] « Item aucune pigneresse ne doit tirer estain que au tiers et
« laisser pour la traime les deux pars, sinon par congié. » Règlement pour les drapiers de Chauny, 1410. *Revue des Soc. sav. des
départements*, tome VI, 1867.

[2] ..... « et aussi que anciennement on n'en a pas acoustumé user en
ladicte ville de Troies, ne on n'en use pas à Chaalons ne à Provins
qui sont les plus prochaines villes où on drappe, de ladite ville de
Troies et est prouffitable chose que en ce cas l'une bonne ville se
conforme à l'autre. Nous avons ordené et deffendu, ordennons et
deffendons par la teneur de ces Lottres, pour tousjours, mais perpé-
tuelement, que dores-en-avant on ne ouvre ne use de cardes ou

ordonnances des villes drapières, ayant de la renommée, on rencontre rarement des dispositions concernant les « garderesses » (Arras, règl. de 1377) de laine,
mais presque toujours des prescriptions concernant les
pineresses ou pigneresses. La distinction entre les deux
métiers est très bien établie, ainsi que celle entre les
faiseurs de peignes et les faiseurs de cardes. (A Paris,
en 1377, nous trouvons un règlement pour les faiseurs
de cardes).

L'opération du peignage se faisait-elle déjà à cette
époque, avec des peignes chauffés, comme cela se pra-
tiquait plus tard? Nous n'avons trouvé aucun texte permettant une semblable supposition. Les règlements
n'en parlent pas. Nous sommes de l'avis de M. Fagniez
que le texte de A. Neckam est trop embrouillé pour
permettre une pareille supposition [1]. Une keure d'Ypres
de 1297 fait la distinction entre cammigghe (pigneresse) et treckigghe (garderesse) [2]. La laine une fois peignée (ou cardée) était livrée aux fileuses (fileresses). La
filature se faisait soit au fuseau et à la quenouille, soit
au rouet [3]. Le fil obtenu au fuseau était plus fin, plus

Mestier de ladite Draperie en la ville de Troies. » Règlement de
Troyes de 1360. Secousse, Ord. des Rois de France, tome III, p. 416.
En 1631, dans un nouveau règlement de la ville de Troyes, nouvelle
défense de l'emploi des cardes sous peine de brûler les draps, laine
cardée et les cardes.

[1] Fagniez, *Etudes sur l'industrie et la classe industrielle à Paris
au XIIIe et au XIVe siècle*, Paris, 1877, page 219.

[2] Archives de la ville d'Ypres. Premier livre des Keures de
1280-1310 (c'est le livre de toutes les Keures de la ville d'Ypres).

[3] La filature au rouet est très ancienne, Schmoller, Doren et
Martin ont déjà fait remarquer l'erreur commise en donnant la filature au rouet comme une invention du XVIe siècle. La plus ancienne
pièce connue, dans laquelle il est fait mention du rouet, est un

régulier, plus lisse (sans nœuds[1]) que le fil obtenu au rouet. Aussi, presque tous les règlements que nous avons vus prescrivent-ils l'emploi du fil obtenu au fuseau pour l'ourdissage de la chaîne, et ne permettent l'emploi du filé obtenu au rouet que comme fil de trame[2]. Par suite de la grande différence qui existait comme finesse entre le fil de chaîne et le fil de trame, il était défendu d'ourdir la chaîne avec du filé qui avait été fait comme trame (c'est-à-dire qui pouvait dans certains cas contenir de la laine cardée et qui avait été filé au rouet[3]). Le tisserand recevait du drapier

règlement pour la fabrication du drap de la ville de Spire et auquel Keutgen *(Urkunden zur Staedtischen Verfassungsgeschichte,* Berlin, 1901) assigne la date de 1280. « Item cum rota filari potest sed fila que filantur in rota nullo modo in aliquo panno apponi debent Zetil (chaine, le mot Zettel en langage technique en Allemagne est toujours encore employé pour désigner la chaine); set Zetil totaliter filari debet cum manu et fusa.

En 1288, on défend à Abbeville l'emploi du rouet, autant pour la filature du lin que de la laine. A. Thierry, *Recueil de Mon. inéd.,* tome IV, page 53.

Max Heiden dans son *Handwœrterbuch der Textilkunde aller Zeiten und Voelker,* Stuttgart, 1904, page 490, reproduit encore cette erreur au sujet de la filature au rouet.

[1] Le livre des métiers, dialogues français-flamands composés au xive siècle par un maitre d'école de la ville de Bruges et publié par MICHELANT, Paris, 1875, nous explique clairement la différence entre les deux modes de filature : « Cecile le fileresse Fu chi avoec luy. Et elle prisa moult vo file qui fu filé a le kenoulle; Mais le fil que on fila au rouwet a trop de nues (le texte flamand donne : Heeft te vele knoepen). Et elle dist qu'elle waingne Pluis à filer estain à le kenoulle, que à filer Traime au rouwet ».

[2] « Sur fileresses..... Item, elles ne doivent point filer estaim au roet a painne d'amende à cellui qui le filera et fera filer. » Draperie de Chauny, 1410, *loc. cit.*

[3] Et qu'on ne puist pas ourdir traime pour estain, sur XL sols d'amende (Règlement d'Amiens de 1308, d'après A. Thierry, *Mon. inéd,* tome I).

(quelquefois il était lui-même entrepreneur) le fil pour
la chaîne et pour la trame; il ourdissait sa chaîne [1],
l'encollait, la montait sur l'ensouple (tronc) du métier
à tisser (hostile), rentrait les fils par les maillons des
mailles qui se trouvaient disposées parallèlement sur
les lisses [2], et correspondant au nombre des fils de
chaîne, les passait ensuite par les dents du rot (peigne).
Puis, il dévidait son fil de trame à l'aide d'un petit
tour sur les fuseaux en bois [3], avec lesquels il garnissait
ses navettes. Ce bobinage de la trame se faisait par
l'apprenti, qui était également chargé de rattacher les
fils de la chaîne qui venaient à se rompre pendant le
cours du tissage. Généralement, il y avait deux tisse-
rands pour desservir un métier (surtout lorsqu'il s'agissait de draps de grande largeur); l'un lançait la navette
par la droite du métier, l'autre, posté à gauche, la recevait, puis, le coup de battant donné et le nouveau croi-
sement des fils de chaîne produit, l'ouvrier de gauche
lançait la navette à celui de droite, et ainsi de suite.
L'armure du tissu était des plus élémentaires; c'était
l'armure toile, taffetas. Les fils de chaîne étaient montés

---

[1] L'ourdissage se faisait à l'aide d'un chevalet construit de gros
madriers, muni de chevilles en bois. Cet ustensile était aussi
appelé clauwière ou cloyière. Comme documents figurés représentant
cet outil, nous citerons une miniature du livre des keures de la ville
d'Ypres et l'ourdissoir représenté sur une verrière de l'église Saint-
Etienne d'Elbeuf, qui date du xiv° siècle. L'ourdissage primitivement
se faisait à l'aide de chevilles en bois qu'on fixait dans le mur d'un
bâtiment.

[2] Ne pas confondre les lisses du métier à tisser avec les lices,
rames ou poulies auxquelles on tendait le drap en plein air pour le
sécher, et dont nous aurons l'occasion de parler dans la suite.

[3] Nommés Espoulins ou Espolins.

sur deux lisses, plus rarement sur quatre. Il n'y avait
donc que deux marches au métier. Cependant, nous
avons trouvé des montages sur trois marches (armure
sergé élémentaire) dans un règlement encore inédit de
la ville de Reims du xiiie siècle, et cette disposition se
rapportait à la fabrication des « Dickedunn [1] ». Après
tissage, la pièce était « espincé », « esbusquié » une
première fois, c'est-à-dire que les nœuds, parties végé-
tales, gratterons de la laine, qui avaient échappé au
peignage, et qui se trouvaient englobés dans le tissu,
étaient éliminés à l'aide de petites pinces [2]. Après cette
opération se faisait la première visite du drap à la perche
par des gardes jurés de la corporation des drapiers [3].
La première visite du drap à la perche après tissage et
épincetage, était appelée en Flandre : visite de la
« Rauwe Paerdse ».

Les préposés à la visite du drap à la perche, à n'importe quel moment de la fabrication, étaient désignés

---

[1] Les monuments figurés représentant le métier à tisser du moyen
âge sont assez nombreux. Malheureusement ces documents donnent
peu de détails intéressants, car ils sont le plus souvent l'œuvre de
gens ayant eu peu de rapport avec les gens de métiers. Une repro-
duction du métier du moyen âge, ayant de l'intérêt au point de vue
des détails de construction et du fonctionnement, est une miniature
du commencement du xive siècle, du livre des Keures de la ville
d'Ypres que nous avons déjà cité : ce métier représente le tissage
d'un drap bleu (forcément teint en laine) et monté sur quatre lisses.

[2] Nous trouvons en flamand le mot « crayebecken » pour l'épincetage (archives d'Ypres), probablement parce que la petite pince dont
on se servait affectait la forme du bec du corbeau.

[3] Nous ferons observer que l'exposé des différentes phases de la
fabrication des draps que nous donnons s'applique à la fabrication
des draps de bonne qualité et est valable autant pour les Flandres que
pour d'autres pays produisant, à l'époque qui nous occupe, des draps
fins.

« Persenaers », percheurs de draps. A Ypres nous trouvons la hooghe, raeuwe ende blaeuwe perssen. Ailleurs la division est encore autre, nous trouvons par exemple la vullers Persse, Saypersse, etc., etc... Cette inspection du drap à la perche, en cours de fabrication, a souvent été confondue avec le pressage du drap. Cette visite à la perche se faisait au moyen âge exactement comme elle se fait encore aujourd'hui. Lorsqu'on veut bien se rendre compte d'un défaut quelconque dans une pièce de drap on la « passe à la perche ». Cette perche est un rouleau mobile appelé au moyen âge tronc (ou simplement une perche fixe), qui se trouve fixé vers le plafond du local où se fait la visite. Il est un peu plus large que la pièce de drap, de façon à ce qu'on puisse faire passer le tissu bien au large, sans plis, devant les yeux des visiteurs. Sous cette perche se trouve une table et en face une grande fenêtre, de façon à ce que la pièce suspendue à la perche reçoive le grand jour. On fait passer le chef de la pièce par-dessus la perche et on tire doucement le tissu par les lisières de façon à faire passer toute la pièce devant les yeux des visiteurs.

Après cette première visite, le drap trouvé conforme aux règlements recevait une première marque et était livré au foulon. La première phase de la fabrication était terminée et le drap commençait à recevoir les apprêts. Avant de parler des opérations de foulage, il faut que nous fassions observer que les draps fins qui nous intéressent spécialement étaient des tissus de fil peigné pur; mais non des tissus peignés dans le sens que nous donnons aujourd'hui à ces lainages. Ce que nous

entendons par draperie peignée, aujourd'hui, ce sont
des tissus qui, comme leurs semblables du moyen âge,
sont faits avec des fils obtenus par les opérations du
peignage ; fibres longues généralement, permettant une
filature beaucoup plus fine que la laine cardée, ayant
comme les fils peignés du moyen âge beaucoup plus de
torsion que les fils cardés. Mais aujourd'hui la draperie peignée n'est pas foulée, tandis qu'à l'époque qui
nous occupe, tous les draps de laine, peignés ou cardés, étaient foulés. Aujourd'hui le drap peigné a un
grain, on voit les entrecroisements des fils de chaine et
de trame ; ces entrecroisements forment quelquefois
une armure, sergée par exemple comme les cheviots.
En somme ces tissus sont simplement dégraissés, pour
les débarrasser de l'encollage de la chaîne et de l'ensimage, mais ils ne sont ni foulés ni lainés. Le tissu peigné du moyen âge au contraire est foulé, lainé, comme
du reste tous les tissus de laine, il ne se distingue du
tissu chaîne peigné trame cardée (le tissu en laine cardée pure n'existait pas) que par la finesse des fils, qui
produisait un drap beaucoup plus fin, plus soyeux que
le tissu qui contenait du fil cardé comme trame. Nous
ne trouvons au moyen âge que des draps de laine à
surface lisse, sans que les entre-croisements des fils de
chaîne et de trame soient encore visibles. L'opération
du foulage et ensuite celle du lainage ont complètement fait disparaître le grain du tissu. Au moyen âge
les tissus variaient par la qualité de la laine, finesse de
la filature, nombre de fils de chaîne (pour une même
largeur); foulage plus ou moins énergique ; ils étaient
ou teints en bourre (en laine) ou en pièce ; ils étaient

faits de chaîne et de trame de même couleur, ou de chaîne de différentes couleurs, trames de couleurs différentes (rayés) ou chaînes et trames de deux ou plusieurs couleurs (probablement ce qu'on nommait « drap marbré »). Les tissus, selon les différentes qualités de laine qui les composaient, étaient surtout apprêtés différemment. Les draps faits avec des laines grossières (indigènes) filés sans beaucoup de torsion au rouet, avec une chaîne relativement peu fournie, ne permettaient pas des opérations de lainage et de tondage aussi énergiques et aussi souvent répétées que les draps fins bien fournis en laine fine et foulés énergiquement.

Précisément ces opérations de lainage et de tondage souvent répétées donnaient un aspect brillant, satiné à la surface du drap, comme nous allons le voir dans la suite.

Avant le foulage, le drap était soumis à l'opération du dégraissage pour le débarrasser du corps gras employé pour l'ensimage et de l'encollage de la chaîne. A cet effet, on le traitait avec une terre smectique broyée finement avec de l'eau [1]. Cette terre nommée terre à foulon avait un pouvoir absorbant très grand pour les corps gras, elle s'imbibait de graisse comme une

---

[1] L'emploi d'autres ingrédients, comme l'urine, le savon (qui facilitaient l'opération) était souvent très sévèrement puni, quelquefois même de prison. « Item, dat gheen vulre enich laken erden moet met pisse noch met zepen, up III lib. par. ende XIII nacht in de vanghenesse te ligghen. » Ordonnances des foulons de la ville d'Ypres, 1293.

« (14) item. On ne puet ne doit sur icelle peine, escures aus foulons aucuns Draps à sain ; mes que à la terre et à l'eaue chaude tant seulement ». (Règlement de Troyes, 1361. Ord. des Rois de France, t. III).

éponge s'imbibe d'eau. Le drap était piétiné par l'ouvrier
foulon dans la cuve à fouler[1] avec ce mélange de terre
et d'eau ; juste assez pour bien faire pénétrer la
terre dans le drap, puis il était empilé et laissé pendant un ou plusieurs jours, repiétiné quelquefois par
intervalles, puis lorsque la terre avait absorbé le
corps gras et que l'encollage de la chaîne était suffisamment ramolli, le drap était rincé à grande eau,
dans une rivière. Le plus souvent, les fouleries étaient
établies sur les cours d'eau, même dans les centres de
fabrication où le foulage au moulin à fouler était interdit, car c'était une perte de temps considérable que de
porter les draps à la rivière et de les ramener à la foulerie[2]. Le foulage des draps fins se faisait presque toujours aux pieds ; encore à la fin du xve siècle on trouve
des règlements pour le foulage des draps qui prescrivent, comme chef-d'œuvre, le foulage d'un drap aux
pieds [3]. Le moulin à fouler était connu dès la fin du xi^e
siècle, mais dans les villes industrielles renommées

---

[1] Désignée le plus souvent de vaissel, en flamand drogh. « L'ar-
che de foul » ou « archete de fol » était un baquet qui servait à laver
le linge dans les ménages.

[2] Dans certaines villes, il y avait une corporation de rinceurs de
draps (les Lakenspoelers d'Ypres, par exemple) qui était chargée du
curage des draps de la terre à foulon et qui lavait également les
draps au sortir de la teinture. Ce lavage se faisait en battant le drap
avec un battoir ou en le triturant avec les mains et les pieds, de
façon à bien éliminer la terre dont la moindre trace aurait été nuisi-
ble à un bon foulage. L'opération du terrage se faisait quelquefois
deux fois.

[3] Item, et le chief-d'œuvre sera tel que de faire ung drap foullé au
pied et de tous poins avec douze cardons nœufz. (Nouveaux statuts
des drapiers et pareurs d'Amiens, 1494, § 5. A. Thierry, *loc. cit.*,
t. II. p. 459).

pour leurs draps, le foulage se faisait toujours aux
pieds, parce que le résultat obtenu était bien supérieur
à celui du moulin. Aux archives d'Ypres se trouve une
sentence du 14 octobre 1551 qui prouve qu'à cette
époque on foulait encore exclusivement aux pieds dans
cette ville. Les drapiers qui avaient beaucoup de raisons de se plaindre du travail des foulonniers donnèrent leurs draps à fouler en dehors de la ville et au
moulin. Les foulons de la ville d'Ypres exposèrent leurs
doléances au magistrat et disaient que ceux qui fou-
laient au moulin employaient des matières nuisibles
comme l'urine, interdite par les keures des foulons...
Le magistrat enjoignit l'ordre aux drapiers Yprois,
d'avoir à monter des moulins à fouler en ville dans
l'espace de trois mois, qu'après ce délai ils ne pourraient plus faire fouler au dehors. D'autre part, le
magistrat engage les foulons à fournir du bon travail
aux drapiers, afin qu'ils n'aient plus de sujet de plainte
quant aux tares et défauts que les drapiers repro-
chaient au foulage aux pieds[1]. Le foulon empilait son
drap dans la cuve à fouler, l'aspergeait d'eau de savon,
le piétinait sans relâche de façon à produire par l'ac-

---

[1] M. Fagniez, *Etudes s. l'ind. à Paris*, *loc. cit.*, p. 232, cite quelques
exemples tirés des ord. des Rois de France qui démontrent la supé-
riorité du foulage aux pieds... « que les draps qui sont foulez par le
moulin ne doivent point être scellez », t. XVI, 547. Dans les documents
relatifs à l'histoire de l'industrie et du commerce en France, du
même auteur, t. II, nous trouvons à la date de 1406 une ordonnance
pour les foulons d'Orléans qui dit :

... « Ceulx qui sont fermiers des moulins foulerez ne pourront
tenir foulerie à Orliens durant la ferme desdicts moulins, pource
qu'ils pourraient fouler aux dicts moulins les draps qui doivent être
foulez a pié... qui seroit un grant lesion du peuple. »

tion mécanique et le concours du savon le feutrage de la laine. Lorsqu'il n'arrivait pas à échauffer assez rapidement la pièce, il l'aspergeait d'eau chaude pour faciliter le feutrage. L'emploi de l'urine putréfiée se trouve également le plus souvent prohibé dans le foulage du drap[1]. Selon la qualité des draps, sa longueur et sa largeur, le foulage dure un, deux, trois ou quatre jours. Les règlements prescrivent presque toujours la durée du foulage pour chaque qualité de drap[2]. Généralement une pièce est foulée par un seul ouvrier. Après foulage, les pièces sont de nouveau rincées, dégorgées pour les débarrasser du savon. Une fois égouttées, elles sont prêtes pour recevoir les opérations de lainage et de première tonde. Ces premiers apprêts, y compris le dégraissage et le foulage dont nous venons de parler, se faisait par la corporation des pareurs de draps (en allemand Tuchbereiter), ne sont pas partout les mêmes, mais on peut dire que généralement cette corporation d'artisans s'occupe de toutes les opérations que subit le drap, depuis le moment où il quitte le métier à tisser jusqu'à ce qu'il revienne la pre-

---

[1] M. Fagniez, *Etudes sur l'Industrie*, p. 232 : se trompe en admettant que « le drap était foulé une seconde fois avec de l'eau chaude et de la glaise ». Déjà, la présence de la terre à foulon indique qu'il ne s'agit que d'un second terrage ou dégraissage. Le foulage, en présence de terre, est complètement impossible, car on engloberait de la terre dans le drap au moment du feutrage de la laine et cette terre ne pourrait plus être éliminée par aucun moyen.

[2] « Item alle brede blawe ende ghemynghede diekedinne van III elle breet ant rec sal men erden achter tdachwercendec daer achter der up werken IIII daghe.

« Item een smal wit dickedinne sal men erden enen dach enne 3 daghe der achter der up werken ». (Ordonnances des foulons de la ville d'Ypres.)

mière fois des rames. La subdivision en foulon (ne s'occupant que du foulage), laineurs, tondeurs, rameurs
(polieurs) de draps ne se produit que plus tard et indique une industrie drapière plus florissante et plus per-
fectionnée. Dans les Flandres, cette division du travail se produit de bonne heure, elle existe à la fin du
xiiie siècle [1]. A Paris, au xiiie siècle, nous ne trouvons
ni corporation ni règlement de tondeurs où de pareurs
de draps. La corporation des foulons fait toute les opérations de parage. Le maître foulon devait certainement occuper des ouvriers qui s'étaient déjà spécialisés
et chaque opération essentielle de parage se faisait fort
probablement par des ouvriers spécialistes, mais qui
faisaient partie de la corporation des foulons. A Paris,
au xiiie siècle, « foulon » signifiait autant que pareur
de draps. L'existence du spécialiste tondeur de draps
pour le xiiie siècle est prouvée par le rôle de la taille de
1292 où on trouve enregistré vingt tondéeurs [2]. Ce qui
prouve bien que la corporation des foulons à Paris
s'occupait de toutes les opérations de parage, est le para-
graphe xiii de l'ordonnance des foulons qui dit : Nulle
fame ne peut ne ne doit metre main a drap, a chose qui
apartiegne au mestier de Foulons, devant que li dras
soit tonduz [3].

---

[1] A Ypres, par exemple, à la fin du xiiie siècle, nous trouvons une
division du travail complète, il y a des règlements spéciaux pour les
foulons, tondeurs, etc. Le même état de choses existe à Bruges (Voir
les règlements publiés par GILLIODTS-VAN-SEVEREN dans l'*Inventaire
diplomatique des Arch. de l'ancienne école Bogarde*, Bruges, 1899,
p. 153).

[2] Paris sous Philippe le Bel, par H. Géraud, Paris, 1837, page 543.

[3] *Livre des métiers*, d'Etienne Boileau. Fagniez préfère lire tenduz
au lieu de tonduz.

Le lainage du drap se faisait sur le drap encore mouillé ou tout au moins fortement humide; jamais sur du drap sec.

Pour faire cette opération on passait le drap sur une perche (tout à fait analogue à celle que nous avons décrite pour la visite du drap) où à l'aide de cardes (petits cadres en bois, dans lesquels étaient englobés des chardons) on lainait le drap.

Par le foulage qui a fait subir un retrait considérable au tissu, les fils de laine sont feutrés, soudés, les uns dans les autres. La surface du tissu est déjà duveteuse, mais toutes les fibres sont enchevêtrées dans tous les sens. A l'aide de la carde le laineur va augmenter sensiblement ce duvet en amenant le poil à la surface, mais il va aussi disposer ce duvet dans le même sens de poil, c'est-à-dire que toutes ces fibres après le lainage vont être parallèles. L'ouvrier laineur appuie sa carde de la main droite sur l'endroit du tissu, et avec la main gauche il suit à l'envers du tissu le mouvement qu'il fait avec la main droite, mais avec un cadre qui est vide (qui ne contient pas de chardons), il enserre une partie du drap entre les deux cardes, puis à tour de bras il gratte, il laine la surface du tissu toujours dans le même sens, c'est-à-dire de haut en bas. Il donne un nombre de traits au même endroit, puis suivant de lisière à lisière il continue à lainer jusqu'à ce que la première largeur du drap soit complètement lainée entre les deux lisières. Les premiers traits de ce premier lainage se donnent avec de vieux chardons[1] usés au tra-

---

[1] Item, qui lavera l'envers d'aucuns draps de nœufs cardons ne

vail du lainage, de façon à ne pas arracher brutalement la laine, mais de l'amener doucement à la surface. Une fois trois ou quatre traits donnés on prend des cardes munies de chardons moins usés et ainsi de suite jusqu'à arriver aux chardons neufs à la fin du lainage.

Lorsque la première longueur est terminée, le laineur tire le drap sur la perche de façon à le faire avancer d'une nouvelle longueur et il recommence ainsi son opération, jusqu'à ce que tout le drap soit lainé.

Le lainage d'un drap se faisait aussi quelquefois par deux ouvriers à la fois. Dans ce cas, chacun commençait par une lisière et ils se rencontraient au milieu de la pièce. On donnait également aux draps fins un ou deux traits de lainage à contre-poil, de façon à bien dépouiller le tissu des fibres grossières (poils jarreux). Lorsque la pièce de drap était complètement lainée, la contexture du tissu avait disparu, une couche laineuse recouvrait l'entrecroisement des fils et donnait à sa surface l'aspect d'une fourrure. La pièce était prête pour recevoir la première coupe du tondeur.

Souvent le lainage et le tondage (du drap écru) se faisaient par le même artisan, et ce sont là deux opérations qui pour la perfection du travail devaient bien être exécutées par une seule et même personne. Quelquefois aussi ce sont deux métiers bien distincts. Le tondeur qui donne les premières coupes (à partir du moment où il devient métier indépendant du pareur) est souvent désigné : tondeur « à fresque table[1] » (à

les deux premiers trais de l'endroit, il paiera amende de V. S. à la ville... etc... (Draperie de Chauny).

[1] Le tondeur à table mouillée faisait un métier bien moins diffi-

table mouillée) parce qu'il tond le drap mouillé. Nous venons de voir que depuis le dégraissage et le foulage du drap, il n'a pas encore été séché ; il a été remis mouillé au laineur, qui le remet de même au tondeur. En opposition avec le tondeur à table mouillée, nous avons le tondeur à table sèche; qui tond le drap à l'état sec après qu'il a été teint et séché aux rames. Ce tondeur appelé aussi tondeur « à fin » donne les « coupes » de dernier apprêt. A Paris, cette corporation a un premier règlement daté de 1384[1]. « Item, que aucun ouvrier dudit mestier ne puist ouvrer oudit mestier que d'icelui mestier de tondre drap à table seiche sur ladite peine; mais il se pourra bien entre mectre de telle marchandise ou de tel office comme il lui plaira, et les foulons pourront tondre leurs draps ainsi qu'ils l'ont acoustumé, pourvu qu'ils facent bon ouvrage et souffisant. » C'est-à-dire que les tondeurs à table sèche ne doivent tondre les draps avant teinture et que les foulons peuvent continuer leur métier de tondeurs à table mouillée[2].

cile que le tondeur « à fin » ou à table sèche ; nous reviendrons sur cette différence ; il ne donnait que des coupes rudimentaires au drap et toujours en maintenant le poil du tissu relativement haut, il tond haut son drap. Nous trouvons à Amiens, à la date de 1409 (A. Thierry, tome II, page 52), un règlement spécial pour ces artisans : « Sachent tout chil qui cest escript verront ou orront que, par les maio et eschevins de le cité d'Amiens, à la requeste des gens du mestier des tondeurs de draps à fresque table de la ville d'Amiens,....., etc..... ». Nous trouvons une autre preuve que les premières coupes étaient considérées comme un travail élémentaire dans la disposition suivante du règlement de Chauny : « Item : les tondeurs ne devront tondre fors à la clarté du jour, si non tant seulement enverser ou tondre la première voie pour mettre le drap à la teinture, 1410 ».

[1] Lespinasse, *loc. cit.*, tome III, page 106.

[2] Voici un autre règlement de tondeurs à « Secque table » d'Amiens

Un autre règlement des drapiers de Paris de 1407 contient des dispositions intéressantes concernant les tondeurs « à fin [1] ». Ces artisans, dans certains centres industriels font également office de retondeurs de draps. Nous tenons à établir, dès à présent, qu'on peut distinguer trois catégories de tondeurs. Les tondeurs à table mouillée qui faisaient un travail simple faisaient partie, le plus souvent, de la corporation des pareurs

1464. A. Thierry, tome II, page 279. « Savoir faisons que, aujourd'hui en noste eschevinage les tondeurs de draps à secque table de la dicte ville nous ont présenté leur requeste et supplication.....

« Et premièrement, que d'ores e navant nul ne puist lever, exercer ne soy entre mettre comme maistre dudit mestier de tondeur de grant forches à secque table en ladicte ville, que premièrement il n'ait fait ung chief d'œuvre bon et souffissant, lequel soit visité par les eswars dudit mestier vielz et nouveaux.....

« Item que nulz ne puist lever ledit mestier, que préalablement il n'ait esté apprentis d'icellui mestier en ladicte ville ou autre ville de loy, par l'espace de deux ans completz, soubz ung des maistres et compagnons dudit mestier de tondeur à secque table, qui ne s'entremetle d'autre mestier que de tondre à secque table, et non pas de laver et de fouler draps.

« Item, que nulz foulons, pareurs de drapz, ne se porront mesler ne entremettre en ladite ville, de bloissier ne tondre queconques draps, mais seulement tondre les envers..... »

Ce règlement se termine par : « Toutes lesquelles choses nous avons accordé aux-dits tondeurs à secque table, en nostre voulenté et rappel ».

[1] Lespinasse, *loc. cit*, tome III, 159.

« § 20. Item que tous draps quelconques moilliez et tonduz (ce mouillage n'a rien à voir avec l'opération du tondage dont il est question ici, on en trouvera l'explication plus loin) qui dores enavant par les drappiers et autres vendant draps en la ville de Paris seront venduz ou exposez en vente à détail ou autrement en ladite ville, seront tonduz affin en ceste manière ; c'est assavoir s'ils sont gros et de petit pris, comme de vint sols l'aulne et au-dessoubz, ils seront tonduz hault à fin ; et s'il sont fins, deliez et de plus hault pris, ils seront aussi tonduz à fin en telle manière qu'ils seront tous prestz

ce drap. Il ne leur était pas permis de tondre « à fin »,
sauf dans certains cas de tondre les « envers » du drap
terminé. Les tondeurs à table sèche ou « à fin » qui s'oc-
cupaient de donner les dernières coupes aux draps après
teinture et étendage aux rames; ce métier demandait
plus d'expérience et plus d'habileté, car il s'agissait de
tondre ras, très près du tissu; et finalement, nous signa-
lerons les retondeurs de drap. Les retondeurs étaient
chargés de refaire les derniers apprêts : retondage, lus-
trage, pressage de drap[1], avant que le drap ne fût confectionné par le tailleur, c'est-à-dire le rendre « tous
prestz pour bouter le cizel », ce qu'on allemand on
appelait « Nadelfertig machen. »

Ou bien ils retondaient les pièces entières avant
qu'elles ne fussent étalées aux halles ou en foire pour
y être vendues[2] (voir plus loin la raison d'être des
retondeurs).

pour bouter le cizel, sans ce que jamais il soit nécessité que y-ceulx
draps soient retondus » (c'est-à-dire que les draps de bonne qualité
seront tondus assez ras pour ne plus nécessiter l'opération du
retondage avant la confection du vêtement).

[1] Dans l'inventaire de Robinet de Foulville, tondeur de draps, du
28 juin 1363, on trouve outre « une paire de forsses à tondre draps
et le mestier sur quoy l'on tont les draps ». « Ung presseur à presser
draps » (Bernard Prost, inventaires mobiliers des ducs de Bourgogne, t. I, p. 8, Paris, Leroux, 1902, in-8°)

[2] Ordonnance du roi Jean II pour les retondeurs de Paris, 1351
(Lespinasse, *loc. cit.*, t. I, p. 34). « Item les retondeurs de draps
« n'auront, ne prandront pour retondre une aulne de royé que
« 4 deniers, et d'un marbré ou d'autres draps de XX aulnes, que
« 4 deniers pour aulne, et d'un drap de XXIIII aulnes que V deniers
« pour aulnes, et d'une escarlate, que XII deniers de l'aulne ; et se
« elle est retondue à l'envers, que XVIII deniers de l'aulne et non
« plus. Les gros drapz pour varletz et laboureurs III deniers de
« l'aulne, et se plus en prennent, ils l'amenderont comme dessus »

Le travail du retondeur était sensiblement le même que celui des tondeurs à fin ; aussi les deux métiers se confondent-ils quelquefois, c'est-à-dire que le tondeur à fin s'occupe également de retondre des quantités plus petites de draps que lui remet le tailleur ou le particulier avant la confection du vêtement[1].

(à remarquer le prix beaucoup plus élevé pour le retondage de l'écarlate que pour les autres tissus).

Tondeurs de drap de Lyon, 17 mai 1482 ; (il s'agit évidemment des retondeurs).

§ 11 « Et pour obvier à aucuns monopolles..... est ordonné que la « tondure des draps..... est tauxée..... pour une chascune aulne « d'escarlate trois s. quatre den. et pour une chacune aulne de drap « de Rouen ung s. et huit den. pour l'aulne de drap de Bourges dix « den...... l'aulne de drap de Languedoc huit den. tourn. et l'aulne « des autres draps de moindre pris cinq den. et des autres à l'équi- « pollent. » (G. Fagniez, *Documents relatifs, loc. cit*, tome II.) Le retondeur de drap travaillait évidemment aussi à table sèche : Retondeurs, Amiens, 1308. A. Thierry, *Mon. inéd.*, tome I, 342. Ordonnances de l'échevinage sur la fabrication et la teinture des draps :

« Et que nulz retondeurs de draps qui tiengne secque taule, ne « puist accater drap ne revendre pour le souspechon qui y puet estre « de canger le drap s'il voulait, sur paine de quarante solz d'amende ».

Retondeurs de Paris. Lettres patentes de François Ier, 1531 (Lespinasse, III, p. 111-112).

« ..... Parce que par les dits statuz et ordonnances, les apprentis doibvent demourer en apprentissaige deux ans ou plus, et que de présent sont attraits à tondre en ladite ville fins estametz, crezez, cadits, cordillatz, fins draps d'Angleterre, Carcassonne, Perpignan, fines serges, drappris de Millan, Venise et autres, et que impossible est de rendre aprentifs souffisans oudit mestier en si peu de temps de deux ans, dont se pourroit ensuivre scandalle et diminution de bon bruyt et fame et estime dudit mestier..... et attendu les nouvelles inventions requises oudit mestier, ordonner ledit apprentissaige de deux ans estre mis et ordonné à trois an. »

[1] « Pour V aunes de brunette achetées à Amiens pour faire un « corset pour Robert LX. S. Pour la retonture, XII den. » — 1317. — Richard J. M. Mahaut, comtesse d'Artois et de Bourgogne (1302-1329). Paris, 1887, page 398.

« A Richart de S. Aubin de Paris pour la retonture de XIII escal-

En Flandre nous avons la même division du travail.
Les tondeurs, en général, sont appelés « Lakenscheer-
ders » ou simplement « Scheerders », ils se subdivi-
sent en « Ramscheerers » ou « Raemscheerders » qui
sont nos tondeurs à table mouillée. Ils tondent le drap
après foulon et lainage[1]. Les « Droogscheerders » sont

« lates VIII s. l'escallate (8 s. par pièce) valent CIIII s. » 1317. —
Richard, Mahaut, page 398,
1304-1305, compte du bailliage d'Artois, Dehaisne, *loc. cit.*, t.I, p. 161.
« A. Philippot, tailleur madame, pour XX aunes de tiretaine, à
« raison de X sols l'aune, X livres..... *Item*, pour ledite tiretaine
« retondre V sols.
« Audit Philippot, pour M. Robert de Bourgogne et pour Ostelin
« de Montbliaut XXVIII aunes et demie d'esquarlate et de vert à
« raison de XX sols l'aune XXVIII livres X sols; pour II aunes
« de pers pour cauches XL sols; pour ces dras retondre X sols. —
« (Même compte que ci-dessus).
« Pour 1 escarlate tondre pour le cors de madame XX sols; *item*,
« pour le dit drap de camelin et pour un autre tondre XX sols. »
« Même compte que ci-dessus Dehaisne, page 163.
« Ce sont les parties que Aalès la retonderresse a faites pour
« madame la Royne, puis le terme desus dit. Premièrement. Une
« escarllate et 1 brussequin, chascun de 24 aunes, pris à Provins...
« etc... » Douët-D'Arcq, *Comptes de l'Argenterie*, 1851, page 29.
[1] « Item de lakens ghevult zynde, zal men die beweghen ten
« huuse van den raemscheerder..... » (Ordonn. du Magistrat de la
ville de Bruges, 1548.)
« Erst van eenem brugschen cuerlakene van vulres comende, zo
« zal men nemen 12 grooten. — ..... Item van eenen smallen Brugschen lakene, dat van vulres comt »... .
Ils étaient nommés Raemscheerders parce qu'ils tondaient le drap
avant l'opération de la mise aux rames; en outre, eux·mêmes met-
taient aux rames les draps qu'ils avaient tondus et les rames (à
Bruges) semblent leur avoir appartenu. « Item ne gheorlooft ghee-
« nen raemscheerer met meer ramen te werkene danne met achte
« ende een halve, ende an de voorseyde achte ende een halve ramen
« niet meer lakenen te slane danne zestien...., etc. » (Ordonn. des
foulons de Bruges s. d xvᵐᵉ siècle, voir Willems, collection des
Keuren ou statuts de tous les métiers de Bruges. Gand, 1842, p. 73).
Il n'y a aucun doute possible, le Raem ou Rama n'a rien à voir

les tondeurs à fin ou à table sèche [1] et les « Scepsche-erers [2] » sont nos retondeurs de drap.

Ce que nous tenons surtout à faire ressortir, c'est que le premier tondage du drap qui se fait sur le tissu écru

avec un châssis sur lequel ils auraient pu étendre leurs draps pendant l'opération du tondage, comme le suppose Willems, mais signifie bien les rames auxquelles on faisait sécher les draps. — Du reste, la même ordonnance porte : « Item zo ne gheoorlooft geenen meester te hebbene meer danne drie scheerdische. » — Willems, *loc.cit.*,p. 66.

Ces Raemscheersders, comme ils étaient possesseurs des lices, étendaient également les draps lors qu'ils étaient teints, c'est-à-dire pour le dernier séchage. — Ils pouvaient également étendre aux lices les draps du dehors qu'on faisait teindre et apprêter das la ville de Bruges

« Item van Dixmudsche breede lakenen, die men anslaet X « grooten van elken sticke..... Item van Dixmudsche smalle lakenen « met dicke lysten zal men hebben 8 grooten. . etc.»(Willems, *loc. cit.*, page 71).

[1] Et non pas tous les tondeurs indistinctement comme le suppose Willems qui dit que la tonde du drap devait toujours se faire à sec, même sur les draps remis au tondeur par le foulon. — Nous ne trouvons pas pour Bruges une règlementation spéciale intéressant les droogscheerders, leurs attributions semblent se confondre avec celles des scepscheerers, comme, du reste, dans beaucoup d'autres centres industriels.

[2] Voir l'étymologie donnée de ce mot par Kiliaen et ce qu'en dit Gaillard, glossaire flamand, page 568.

« Dit es de loon van den scepscheerers. Erst zullen zy nemen « van eenere Brugscher elne lakens twee ynghelschen. — Item van « eenen breeden Ghentschen lakene, van elker elne onder halben « grooten... Item van eenen scaerlakene 2 grooten van der elne » (Willems, p. 72).

Nous trouvons également dans ce règlement des scepscheerers des dispositions concernant les derniers apprêts des draps, pres-sage, etc. Dans les grands centres de vente, et surtout là, où il y avait des halles aux draps de l'importance de celle de Bruges, les retondeurs, tout comme les tondeurs à fin, étaient obligés d'être outillés pour ces travaux. Nous insistons encore sur ce point que pour Bruges la séparation des tondeurs à fin et des retondeurs est difficile à établir, mais, cependant, elle semble avoir existé à un

après foulage et premier lainage est une opération élémentaire, pouvant au besoin se faire par un artisan cumulant plusieurs fonctions, comme laineur, poulieur, tandis que le tondage à fin est une opération très délicate qui demande beaucoup d'expérience dans le maniement des grandes forces.

Reprenons à présent le drap après le lainage ; il est prêt pour le tondage à table mouillée : le tondeur étend son drap sur une table (panneau en planches) reposant sur deux tréteaux et légèrement inclinée. Cette table est rembourrée avec des déchets de laine et particulièrement avec des tontisses de laine, de façon à être bombée en dos d'âne, mais pas trop accentué. Sur les deux bords de cette table se trouvent de petites pointes ou des petits crochets à l'aide desquels le tondeur fixe la partie de drap à tondre, par les lisières[1]. Les lisières des draps sont généralement plus fortes (plus fournies en fils de chaîne) que le corps de la pièce; c'est pour pouvoir résister à ces petits crochets ainsi qu'à ceux des rames, sans se rompre par cette tension. Le tondeur monte sur un marchepied qui se trouve en face de sa table et il tond de lisière à lisière, c'est-à-dire qu'il tient les grandes forces parallèlement aux lisières. Avant de commencer à couper le poil, il remet bien en ordre le duvet de la partie du tissu qui se trouve tendue devant lui à l'aide de vieilles cardes (chardons usés aux opérations du lainage); une fois toutes les petites fibres bien

certain moment, puisque les deux expressions de droogscheerders et de sceepscheerers existent.

[1] Il fallait que la partie à tondre fût bien plane, sans aucun pli, car, sans cela, les forces pinçaient le drap même, et produisaient infailliblement des coupures dans le tissu.

disposées parallèlement, il les relève uniformément en passant sur le tissu à contre-poil, c'est-à-dire de bas en haut, une lame de fer ou un morceau de bois bien droit. Il pose la lame inférieure de ses forces sur le drap. Cette lame est chargée d'un poids relativement fort, de façon à donner de la fixité aux forces, puis il ramène avec la main droite l'autre lame supérieure vers la lame inférieure. Les deux lames étant reliées par un ressort, il suffit de lâcher la lame supérieure et de reculer légèrement la lame inférieure vers la lisière opposée, pour avoir entre les deux tranchants une nouvelle partie de drap à tondre. Il tond ainsi en faisant avancer ses forces d'une lisière à l'autre.

La première tablée tondue, il remet de nouveau le poil dans le bon sens avec les vieilles cardes ; il décroche la partie tondue et prépare de nouveau une nouvelle tablée. Quelquefois ce travail se fait par deux artisans, qui travaillent alors de façon à se rencontrer au milieu de la pièce, c'est-à-dire chacun commence par une lisière. Par la première coupe, qui est toujours « haute », on met à peu près au même niveau, à la même longueur, les fibres amenées à la surface du drap par le lainage. Cette première opération de tonde se fait à l'aide de forces peu tranchantes, tandis que pour les tondes suivantes, et surtout pour le tondage à fin, il faut des lames mieux aiguisées, plus « esmoullées ». Les draps ordinaires ne recevaient habituellement qu'une coupe avant teinture. Les draps plus fins recevaient jusqu'à trois ou quatre lainages et trois ou quatre coupes avant d'être mis en teinture. On se contentait de donner une seule coupe, haute, élémentaire, aux draps de basse qualité, avant de les faire sécher aux rames, comme nous venons de le voir. Cette même coupe se donnait également aux draps fins qui, au début de la fabrication des draps écarlates, n'étaient pas apprêtés plus loin dans leur pays d'origine (Flandres, France) mais étaient vendus dans cet état à des étrangers, qui exportaient ces draps et les faisaient relainer et retondre par des spécialistes très experts [1]. De là, cette dénomination de draps à tondre « scarlaken ». Tous les draps ne pouvaient pas être impunément tondus et lainés à plusieurs reprises. Sur les draps de basse qualité, faits avec des laines grossières (de pays) et tissés avec une chaîne relativement peu fournie en fils, le lainage et le tondage souvent répétés découvraient la corde du tissu, sans naturellement lui donner un aspect et un touché plus fins. (Ce n'étaient pas des « scarlaken ».)

Après ces premiers apprêts, « en écru ou en blanc », les draps étaient mis aux rames (appelées aussi liches ou poulies) pour être séchés une première fois [2].

---

[1] Pour la deuxième, troisième ou même quatrième coupe que recevaient les draps fins avant la teinture, on intercalait naturellement entre chaque opération de tondage un nouveau lainage. Le deuxième lainage amenait des fibres plus fines à la surface du drap que la première opération, et le troisième lainage donnait un duvet encore plus fin que le deuxième et ainsi de suite. La deuxième coupe tondait le poil moins long que la première, c'est-à-dire qu'on coupait les fibres de plus en plus près du tissu. Plus le travail avançait, plus le tissu devenait fin et soyeux, l'entre-croisement des fils disparaissait complètement, l'armure n'était plus visible, la « corde » du tissu était cachée par une nappe soyeuse, satinée.

[2] La rame se compose de madriers ou poteaux en bois de chêne, carrés, plantés en terre en ligne droite et à distances régulières les uns des autres, percés de deux rangées de trous en quinconce. Dans le bas, mais cependant à une certaine distance du sol, ces poteaux

Dans presque tous les pays on peut encore retrouver ces engins. Ils sont toujours encore employés dans la petite industrie drapière et surtout dans des pays où la clémence de la température permet un séchage assez rapide au grand air, comme, par exemple, dans le midi de la France, où la grande industrie même s'en sert encore. Ces rames n'ont subi aucune modification depuis le moyen âge.

Nous devrions, à présent, parler de la teinture du drap qui se place ici, mais nous préférons en parler à la fin de ce chapitre, pour pouvoir continuer la description du tondage à fin qui se fait après teinture et séchage du drap.

On remettait les draps aux rames après teinture pour les sécher, et pendant que les draps étaient étendus, les rameurs leur redonnaient un léger lainage pour remettre le poil dans le bon sens.

Pour les draps fins, et spécialement pour les écarlates, il fallait, après le séchage du drap teint, l'intervention d'un nouvel artisan tondeur, pour donner toute leur valeur à ces tissus. Les différentes tondes données

sont reliés par des traverses fixes munies de petits crochets semblables à ceux qui se trouvent à la table du tondeur. Dans le haut se trouvent des traverses semblables à celles du bas, mais mobiles et percées de trous aux endroits où elles se croisent avec les poteaux; ces traverses sont également munies de petits crochets. On commence à fixer le drap par une lisière à la traverse du bas, puis on attache l'autre lisière aux crochets des traverses du haut, mais qui ne sont disposées qu'à mi-hauteur et supportées par des chevilles en bois ou des clous en fer, qui passent par les trous des traverses et des poteaux. Une fois les deux lisières fixées, on fait monter les traverses supérieures à l'aide de cordes et de poulies, et lorsque le drap est tendu à la largeur voulue, on fixe les traverses supérieures avec les chevilles en les passant par les trous des traverses et des poteaux.

avant teinture n'avaient pas encore atteint le fond du tissu, le duvet était encore trop long, la surface du tissu était encore ébouriffée.

Le tondeur « à fin » va donner les dernières coupes et les derniers apprêts, c'est le tondeur à table sèche, puisqu'il va opérer sur des draps qui ont été séchés avant cette opération. Cependant, il humecte légèrement la surface du poil avec le plat de la main, qu'il trempe dans l'eau, pour faciliter la coupe ; le poil humide se coupe mieux que le poil sec et est plus facile à tenir dans une même direction.

Le tondeur à table sèche ne doit pas employer de corps gras pour faire cette opération. Il donne aux draps fins encore deux, trois ou même quatre coupes différentes [1]. Plus le drap est de bonne qualité, plus il permet de tondes et plus il prend un aspect fin et soyeux [2]. Cela s'explique facilement par ce phénomène

[1] Les draps plus ordinaires ne recevaient généralement, après teinture et comme derniers apprêts, qu'une coupe d'endroit et quelquefois encore une coupe d'envers. Les draps fins et spécialement les écarlates recevaient plusieurs tondes, même encore par le retondeur avant la confection du vêtement.

« Ce sont les parties que Aalès la retonderresse a faites pour madame la Royne..... Item pour une escarliate de 24 aunes, tondue 3 fois, pour Noël..... » (Douët-d'Arcq, *Comptes de l'Argenterie*, p. 29.)

[2] Les monuments figurés représentant le tondeur de drap avec les grandes forces sont très nombreux, nous n'en citerons que quelques-uns : Cathédrale de Rouen, vitrail du xiiie siècle donné probablement par la corporation des tondeurs, car, outre la représentation de ces artisans au travail, les grandes forces figurent dans un cartouche. Au musée lapidaire de Reims un cippe funéraire gallo-romain. Le tondeur de draps gallo-romain du musée de Sens. — Figure sur bois du xvie siècle, dans Jost Amman « Stände und Handwerker », mais donnant une idée absolument fausse du tondage du drap. Figure qui a été souvent reproduite.

Les grandes forces dont se servaient les tondeurs formaient un

d'optique que plus une fibre de laine est longue, plus elle a de tendance à se recroqueviller, et les fibres ondulées ne produisent pas un aspect brillant, mais bien les fibres lisses, courtes et fines et bien parallèles (c'est-à-dire se trouvant dans un même axe optique). Du reste, tout le monde a fait l'expérience du chapeau de soie. Plus on le brosse avec une brosse fine ou la patte de velours, plus le chapeau devient brillant, par le fait qu'on dispose les fibres bien parallèlement, on les met dans le même axe optique. Pour maintenir le poil du tissu autant que possible dans cette disposition, on le mettait en presse. Le pressage du drap est une opération très ancienne qui se faisait déjà du temps des Romains (voir à ce sujet les peintures dans l'établissement d'un foulon à Pompéi, qui ont été reproduites dans toute une série d'ouvrages : Ant. Riche, J. Overbeck, H. Blümner, etc.). Pour mettre la pièce de drap en presse, on mettait des planchettes bien lisses entre chaque plis ; plus tard, des cartons. Le moyen âge ne nous a pas laissé beaucoup de renseignements sur le pressage du drap. La presse à chaud, qui augmente considérablement le lustre, ne fut employée que tard, quoique connue ; l'emploi de cette presse était considéré comme une fraude et généralement prohibé [1].

article de commerce très important au moyen âge. C'est spécialement l'Allemagne qui les fabriquait. — Un tarif de tonlieu donné en 1252 par la comtesse Marg. de Flandre à Damme porte : « Magna forfex tonsorum pannorum vendita vel ad vendendum delata 1 d. » — K. Höhlbaum Hansisches Urkundenbuch, tome I, 1876, page 146.

[1] A Bruges, au xv⁰ siècle, cette pratique était connue et interdite par les Keures (Voir Willems, *loc. cit.*, p. 60-61).

Par contre, il était permis d'humecter le tissu en le mettant en

En sortant des presses, les draps étaient prêts à
être vendus, lorsqu'ils se vendaient sur place, mais
lorsqu'on était obligé de les emballer en ballots (tour-
sels ou toursées, voir Du Cange au mol Torsata) et de
les faire voyager sur des voitures ou en bateaux, ils
arrivaient au lieu de destination (halles ou foires) avec
une surface ébouriffée par suite des frottements qu'ils
avaient subis pendant le transport. Le drap avait besoin
d'être retondu avant d'être exposé en vente, pour bien
faire ressortir sa valeur au point de vue de sa finesse.
C'est ici que la corporation des retondeurs de draps
entre entre en jeu.

Cependant cette opération de retondage se faisait
aussi quelquefois après que le drap avait été vendu, et
par l'acheteur. Le retondeur s'occupait encore, comme
nous avons déjà eu l'occasion de le faire remarquer, de
retondre des coupons de draps de 3, 4, 5 aunes avant
que le drap ne fût confectionné par le tailleur. Aussi,
retrouvons-nous, dans les villes qui n'ont aucune industrie drapière remarquable, des tarifs de retondeurs
de draps qui indiquent le prix de retondage des différentes qualités de draps des villes drapières les plus
renommées [1].

presse pour augmenter le brillant. L'usage des corps gras était également interdit. — A Paris les presses à chaud sont interdites par
un règlement de Louis XII donné en 1508. — L'emploi, en France, en
était encore défendu en 1669 par le règlement général des manufactures de laines élaboré par les soins de Colbert.

[1] Tarif des retondeurs de draps de la ville de Cracovie, fin du
xiv⁰ siècle.

« Was man den gewant Scherern ezw lone geben zal
« von dem Scherlon des gewandes ist alzo beschlossñ, das dy
« Scherer nicht mer nemen zullen von der elen

Nous avons fait remarquer, lorsque nous avons parlé
des différents métiers de tondeurs à Bruges, que le
retondeur de drap se confondait souvent avec le tondeur
à fin et que dans bien des villes le tondeur à table sèche
ou à fin est également retondeur. Nous tenons cependant à faire observer que l'existence simultanée des
deux métiers peut être établie pour bien des villes : à
Paris, à la fin du xiiie siècle, on trouve dans le rôle de
la taille de l'année 1292, 9 « retondeurs » de draps en
même temps que 20 « tondeurs » dont nous avons
déjà parlé précédemment. A Bruges nous trouvons un
règlement pour les retondeurs « Scepsheerers » avec
un tarif de prix pour le retondage de toutes les qualités de draps qui se vendaient à la halle de Bruges ; le
règlement fixe également le prix pour les derniers
apprêts que donnaient les retondeurs [1].

« brwkesch (de Bruges)
« florenczesch (de Florence) } czw. XII. hllrn.
« Eyprisch (d'Ypres)
« mechlesch (de Maline)
« herntalesch (Herenthals, près d'Anvers)
« Balbarth
« Gemēy eyprisch (drap ordinaire d'Ypres)
« Englesch czw VI hellern emd vom Landtuch.
« czw six hellern von ider elen und nicht anders.
(D'après Bucher Bruno, *Die alten Zunft und Verkehrs-Ordnungen
der Stadt Krakau*, in-f°, Wien, 1889.)
[1] « Dit es de loon van den scepscheerers :
« Eerst zullen zy nemen van eenere Brugscher elne lakens twee
« ynghelschen.
« Item van eenen breeden Ghentschen lakene, van eeker elne
« onder halven grooten. — Item van eenen Ypersche breede, van
« eenen Brueselschen breede, van eenen Vulvoortschen ende van
« eenen Mechelinschen lakene, zo zal men nemen van elker elne
« 1 groote.....

Au sujet de ces derniers apprêts nous ajouterons encore un mot pour expliquer une prescription qu'on rencontre dans bon nombre de règlements se rapportant aux tondeurs « à fin ». Il est dit que nul tondeur ne doit tondre les draps qu'on lui donnera qu'à condition qu'ils soient suffisamment « mouillés et retraits » ; voici l'explication de cette clause :

Après teinture lorsqu'on mettait le drap aux rames pour le dernier séchage, on pouvait le tendre outre mesure (à l'état humide le drap de laine est très élastique) on pouvait donc lui donner une lèze qu'en réalité il n'avait pas, on pouvait « le distendre aux rames ». En le laissant bien sécher à l'état tendu, le drap conservait cette largeur factice, mais dès qu'on le remouillait (ou à la longue lorsque le drap avait repris de l'humidité), il se rétrécissait, il reprenait la lèze naturelle. Aussi le drap en revenant des rames devait-il être humecté de façon à ce qu'il reprenne sa largeur naturelle et qu'on puisse constater si réellement il avait la lèze prescrite par les règlements où s'il avait été trop tendu aux rames, pour masquer une infraction aux règlements. Ce n'est qu'une fois que le drap avait été soumis à cette épreuve qu'on pouvait entreprendre de le tondre, à fin [1]. D'un autre côté, si un drap avait été

« ..... Item van eenen Scaerlakene II grooten van der elne.....
« ..... Item van eenen ouden cleede dat vervullet es 1 groote.. ..
« .. .. Item van eenen Brugschen lakene, dat men pruust (opblinkt,
« opluistert) XII grooten. — Item van eenen breeden Yperschen
« lakene dat men pruust XII grooten....., etc., etc. »
(Willems, *loc. cit.*, page 72.)
[1] « Item que nul ne tondra draps, s'il n'est moullez et retraiz et pour
« ce que promptement l'en ne connoist pas se draps quant l'en les

tondu avant qu'il ait repris sa largeur normale, tout l'effet du tondage devenait nul, lorsque le tissu se rétrécissait le drap reprenait un aspect ébouriffé.

Nous allons abandonner ce sujet pour donner encore quelques indications sur la teinture du drap au moyen âge ; nous avons cependant l'impression que l'exposé que nous venons de faire de la fabrication du drap est bien incomplet, nous aurions voulu faire mieux, mais nous aurions été obligé d'entrer dans des questions de détail qui ne seraient pas ici à leur place. Nous espérons cependant qu'à l'aide de ces notes nous pourrons expliquer plus facilement ce que nous croyons être le drap écarlate ; le plus fin et le plus parfait comme apprêt de tous les draps de laine qui se fabriquaient au moyen âge[1]. Ceux de nos lecteurs qui voudraient se renseigner plus amplement sur le lainage et la tonde du

« veut faire tondre, sont assez retraiz, les diz tondeurs seront tenuz
« à enquerir par serment à ceulx qui leur apporteront y ceulx draps,
« se ilz sont souffisemment moullez et retraiz et se ils leur affer-
« ment, ils les pourront bien tondre. » Statuts des tondeurs de draps de Rouen de 1402. — Ordonn. des Rois de France, tome VIII, page 508.

« Jehan de Saint-Benoît et Estienne Marcel, pour 13 aunes d'un
« autre royé de Gant, à moiller et tondre.... ». etc., 7 l. 5 s. (Douët-d'Arcq, *Comptes de l'Argenterie*, xive siècle, 1851, p. 154.)

[1] Nous sommes tenté de comparer ce drap fin du moyen âge à la draperie fine, façon de Hollande, qui fut implantée en France sous Louis XIV par Van Robais, peut-être la continuation de la fabrication des draps écarlates et qui se propagea rapidement dans d'autres centres manufacturiers. Sédan, spécialement, excella dans ces genres et cette belle industrie s'était maintenue durant presque tout le xixe siècle jusque vers 1870-80. — Aujourd'hui on ne fait plus ces beaux draps satinés, inusables, d'un brillant merveilleux, les vêtements confectionnés avec ces étoffes passaient d'une génération à l'autre. Leur procédé de fabrication ressemblait beaucoup à ce que

drap trouveront des renseignements très complets dans :
l'*Encyclopédie méthodique, manufactures et arts*,
tome I (par Roland de la Platière, 1784) ; dans la *Description des arts et métiers, l'Art de la draperie*, par
Duhamel du Monceau, in-f°, 1765 ; Beckmann, *Bei-
träge, loc. cit.*, tome IV, page 38 ; J.-A. Laerzio,
Beschreibung des Tuch und Raschmacherhandwerks,
1718, in-12° ; P.-J. Marperger, *Beschreibung des Tuch-
macherhandwerks*, Leipzig, 1723, in-8° ; Erasmus,
von der Wolle und deren Manufakturverfassung, Berlin, 1731, in-4° ; J.-C.-G. Jacobson, *Schauplatz der
Zeugmanufakturen in Teutschland*, 4 vol., Berlin,
1773-1776 ; G. von Justi, *Vollständige Abhandlung
von den Manufakturen und Fabriken*, 2 vol. in-8°,
Koppenhagen, 1767 ; Sprengels *Handwerke und
Künste*, tomes 14 et 15, Berlin, 1776, in-8° ; Schei-
bler, *Gründliche und praktische Anweisung, feine
wollene Tücher zu fabriciren*, Breslau, 1806, in-8° ;
*Mémoire sur les Manufactures de draps et autres
étoffes de laine à Paris*, 1764, in-12°, etc., etc.

Teinture du drap au moyen âge. — Après le tondage en écru et séchage à la rame, le drap, après la
visite, était remis au teinturier. Tous les draps indistinctement de coloris étaient mordancés à l'alun [1] et au
tartre avant de rentrer dans le bain de teinture proprement dit. L'opération du mordançage avait non seu-

nous venons de dire du scarlaken. Ces tissus, en qualité très fine, se
vendaient de 3o à 4o francs le mètre. — Aujourd'hui on fait à Sédan,
en majeure partie, de la draperie à 2 fr. 5o et 3 francs le mètre !

[1] On connaissait l'alun de roche qu'on nommait également alun de
glace à cause de sa transparence. L'alun de plume qui venait principalement de Bougie, etc.

lement comme effet de « mordancer » la laine, c'est-
à-dire de la rendre apte à absorber le principe colorant
du bain de teinture, mais en même temps de bien pur-
ger le drap de toutes les impuretés et corps gras qui
étaient restés dedans, de façon à permettre ensuite
d'obtenir des teintes unies. Ce morçandage se faisait au
grand bouillon et durait assez longtemps. Cette manu-
tention se faisait dans certaines villes par une corporation spéciale qu'on appelait en Flandre les « laken-
zeeders ». La quantité d'alun à mettre pour chaque
qualité de drap était prescrite par des règlements[1].
Comme d'un bon mordançage dépendait la bonne
réussite de la nuance (unisson et vivacité) et, qu'au
moyen âge, le teinturier ne jouissait pas précisément
de la meilleure réputation au point de vue de l'honnê-
teté (voyez ce que Crapelet[2] en dit sous « Mençonge
de tainturier »). Celui qui donnait les draps à teindre
fournissait également la quantité d'alun pour le bain
de mordançage. Dans certains centres industriels, le
propriétaire des draps ou son délégué étaient autorisés

[1] « § 15. Et par cheste ordenanche doit chascuns marcheans, ki fait
« taindre draes, donner de chascune zode (bain de mordançage) de
« VI draes XXIIII livres de alun de Castilge au moins et X livres
« aussi d'alun de Glache au mains et tout en une zode de VI draes »
(c'est-à-dire les deux qualités d'alun en même temps pour les
6 draps, dans le même bain de mordançage). « Ou de l'alun de
« Bongies à une zode de 6 draes XXXVI livres au mains. Et li mar-
chans ki mains en donroit serait à X livres. » (Archives d'Ypres, livre
des Keures 1292-1309 ; ch'est des tainteniers à le caudière.)

« Rosse alludunum » alun rouge (lettres de Philippe V défendant
l'exportation des choses nécessaires à la fabrique des draps, de 1320,
Ord. des Rois de France, t. XI, p. 479. L'alun rouge était un produit im-
pur contenant de l'oxyde de fer qui lui donnait une coloration rouge.

[2] *Proverbes et dictons populaires*, Paris, 1831.

à assister au mordançage (pour pouvoir se rendre compte si réellement le teinturier mettait la quantité d'alun qu'on lui avait livrée [1]).

La teinture en bleu à l'aide de la cuve dite « de fermentation » et dans laquelle il entrait, outre le pastel (guède ou vouède), du son, de la chaux et des cendres [2], était très répandue, c'était exclusivement de cette façon qu'on produisait le bleu sur le drap de laine. L'indigo, quoiqu'on en ait dit jusqu'à présent, n'était pas employé pour la teinture de la laine, ou du drap de laine, au moyen âge. Nous ne le rencontrons pas dans la teinture de la laine avant le commencement du XVI siècle [3]. Le procédé de teinture connu au moyen âge pour l'indigo était la cuve à l'orpiment ; on l'employait pour la teinture des peaux, du cuir, des crins, etc., rarement pour la soie, jamais pour la laine. Toujours par le procédé oriental, réduction par le sulfure d'arsenic (orpiment). En outre, l'indigo était employé comme

[1] L'alun de bouquauz qu'on rencontre dans le livre des métiers d'Et. Boileau est un alun gâté (embouquiéz).

[2] Cette cuve encore en usage aujourd'hui dans la teinture de la laine est restée presqu'aussi élémentaire qu'au moyen âge ; l'indigo a simplement remplacé en majeure partie le pigment bleu du pastel.

[3] Ce fut Duarte Barbosa, qui par la voie du cap de Bonne-Espérance ramena en 1516 la première cargaison importante d'indigo en Europe.

Le bleu de cuve communique une odeur très caractéristique au tissu. Les gens de la campagne dans certaines contrées se rendent compte par l'odorat si la marchandise qu'on leur offre est bien teinte en cuve. Il semblerait, d'après un passage du premier Roman de la Rose (Guillaume de Dôle) qu'au moyen âge on employait aussi ce procédé : « Lorsque Boidin prit congé, Guillaume lui bailla un surcot d'été si neuf, qu'il sentait encore la teinture. » (Langlois, *la Société française au* XIIIe *siècle*, in 8°, Paris, 1904, page 75).

couleur dans la peinture. La teinture des peaux, os, crins, bois, était considérée comme faisant partie des sciences secrètes (alchimie), elle était très distincte de la teinture industrielle, réglementée dans toutes les villes drapières où cet art, au commencement du XIIIe siècle, était déjà arrivé à un haut degré de perfectionnement, comme nous le verrons dans la suite [1].

Les raisons pour lesquelles l'indigo n'était pas employé dans la teinture de la laine au moyen âge sont les suivantes : On ne se doutait pas que la matière colorante de l'indigo fût semblable au pigment bleu contenu dans le pastel, car leurs procédés d'application, le premier par réduction à l'orpiment, l'autre dans la cuve à fermentation, étaient trop différents pour permettre un tel rapprochement. Les formes sous lesquelles les deux produits étaient vendus différaient trop l'une de l'autre. Le guède, une plante desséchée [2], l'indigo, des petits

[1] Les livres de secrets, les anciens manuscrits sur l'art de la peinture, préparations de couleurs, contiennent des formules plus ou moins compliquées se rapportant à la teinture de ces objets. A ce sujet, il est intéressant de consulter le recueil donné par Mrs. Merrifield, *Original treatises dating from the XII*[th] *to the XVIII*[th] *centuries on the arts of paintaing*, London, 1849, 2 vol. in-8°.

[2] Le guède était vendu au début sous forme de plante simplement desséchée. Il serait intéressant de savoir à quel moment a pris naissance l'industrie de la préparation du guède fermenté sous forme de coques, pastilles, pastel. Nous avons rencontré la première fois le mot « pastellum » dans une ordonnance de 1317 (Ordon. des rois de France, tome XI, page 449. Du Cange cite : Melendinum Pastellerium, pestellerium, charte de 1361. ainsi que « Un moulin à pasteiller, autrement dit molin à guedes », 1449.

Ruellius, *De natura stirpium libri tres*, donne la préparation du pastel avec assez de détails, mais cet auteur n'a écrit qu'au commencement du xvie siècle.

Leonh. Fuchs, dans : *De historia stirpium*, Lugduni, 1555, parle

blocs ressemblant à de petites briques, faisait plutôt supposer un produit du règne minéral, ce qui, du reste, était l'opinion généralement répandue, malgré ce qu'en avait dit Marco Polo. Le prix très élevé de l'indigo aussi longtemps qu'on le recevait par la voie de terre, n'aurait pas permis de l'employer en remplacement du pastel pour la teinture en bleu de la laine. Du reste, dans aucun règlement de teinture du moyen âge il n'est fait mention d'indigo pour la teinture de la laine. La florée qu'on a souvent assimilée à une basse qualité d'indigo [1] et dont l'emploi était défendu presque partout [2] en

---

également de la préparation du pastel par fermentation. — GUBERTUS Ant. *(Costani juris)* cap. II. 1561 donne également beaucoup de détails sur cette préparation.

Les Arabes ont connu la préparation du pastel avant les pays industriels de l'Europe centrale. C'est probablement des Maures d'Espagne que les chrétiens apprirent cette préparation. IBN-AL-AWAM, dans son *Livre de l'Agriculture* composé au XIIe siècle, parle de cette préparation en invoquant l'autorité d'un auteur, « Abou'l-Khaïr, qui a écrit avant lui sur cette matière, il dit : « Ensuite on les « pile (feuilles du pastel) fortement sur une pierre lisse ou quelque « chose d'analogue, et on les fait pourrir de cette manière ; on dépose « ces feuilles pilées dans des cabas ; on répand de l'eau dessus à « diverses reprises successives ; on laisse en cet état pendant quatre « jours, puis, on divise la masse avec des spatules de fer ; on arrose « de nouveau constamment, jusqu'à ce que la décomposition soit « complète. En même temps, on foule avec les pieds pour agglutiner « le tout ensemble ; on en fait de petites boules qu'on fait sécher « au soleil, et qui sont employées en teinture. » (D'après la traduction de Clément-Mullet, tome II, page 126. édition de Paris, 1864, in-8°, 3 vol.).

[1] G. Fagniez, *Etudes sur l'industrie à Paris*, page 236.

[2] « Il est ordencit par Eschevins ke nus de chel jour en avant ven-« die ne aportche en la vile florie de waide sour X livres et le florie « pierdue. Et toute le florie soit ostée hors de le vile entre chi et le « quaremiel le premier ke nous atendons, sour X livres et le fiorie « pierdue. Che fu fai le miërkedi devant le Purification Nostre

teinture, était l'écume bleue que les teinturiers en guède recueillaient au-dessus de leurs cuves avant d'y plonger les draps. Ils enlevaient cette écume (qui était la matière colorante pure et très semblable au point de vue chimique à l'indigo) pour éviter qu'elle ne se colle sur les draps et ne produise des taches.

Cette écume, fleur de la cuve ou florée, était séchée au soleil et vendue comme couleur pour la peinture [1].

« Dame en l'an quatre vins et dijs » (31 janvier 1291, n. st.) (Archives d'Ypres, livre des Keures « Che sont les Keures |de le waranche »).

[1] « A Jehan de Tournay pour une livre et demie de florée XXX sol s « pour VI livres de rouge tiere XII deniers, pour demie libvre de « vermillon VI sols..., etc... » Compte de Jean de Malines... d'après Dehaisne, *loc. cit.* tome II, page 714.

Voir également ce que dit Olivier de Serres de la florée, dans son *Théâtre d'Agriculture*, sixième livre, page 428, tome II. de l'édition de 1805.

Matthiole qui a écrit dans la première moitié du xvi⁰ siècle dit au sujet de la florée dans ses commentaires sur Dioscoride : « L'inde « duquel les peintres usent et que les apoticaires vendent ordinaire- « ment, se fait es teintureries de l'excrement et écume du guesde, « quand les teinturiers en teignent les laines. » (D'après la traduction de J. des Moulins, Lyon, 1572, in-f⁰, page 719.)

En admettant avec certains auteurs modernes que le pourpre des anciens était obtenu sur un fond de bleu de cuve au pastel (voyez ce que nous en disons plus bas), il serait certain qu'ils auraient également connu la florée, car Pline au livre 35, chap. xxvii, dit : « ... Alterum genus (indico) ejus est in purpurariis officinis innatans cortinis : et est purpurae spuma ».

Ce qui a pu faire croire également à un emploi de l'indigo dans la teinture du drap au moyen âge est le fait que le mot inde ou ynde est souvent employé comme adjectif pour désigner une coloration bleue intense; mais, il est fait allusion à la coloration que présente l'indigo en morceaux, lorsqu'on le brise, et non à la coloration obtenue à l'aide de cette matière colorante :

« Que une coiffe toute blanche
« Et les tressons yndes ou vers »
(*Roman de la Rose*).

Le vert, sur drap de laine, s'obtenait par superposition
de la gaude sur du bleu de guède. L'oxyde d'alumine
qui se trouvait sous le bleu et qui avait été déposé sur
le drap par l'opération du « mordançage » à l'alun
entre ici en jeu et forme avec le principe colorant de la
gaude une laque jaune vive qui, en mélange avec le
bleu, donne une couleur verte. La gaude et le guède
ou pastel ont souvent été confondus; cette confusion
provient de la similitude des mots waide, waisde et
waude ; on rencontre très rarement le mot waude pour
waide et on peut toujours l'interpréter comme faute
commise par un scribe, lorsque ce mot est employé
dans le sens de couleur bleue [1]. Nous venons de citer
la gaude encore en usage aujourd'hui pour la teinture

« Ledit Prince pour 3 pièces de cendal ynde…, etc. » (Douët-d'Arcq,
Comptes, loc. cit., page 143.

Il n'est également pas juste de parler de teinture à l'indigo lorsqu'on trouve, sur d'anciens vêtements de laine, un pigment bleu
donnant les réactions caractéristiques de ce colorant. Il ne faut pas
oublier que les bleus obtenus sur la cuve au guède ou pastel donnent identiquement les mêmes réactions, car au point de vue chimique les deux produits se trouvant en fin de compte sur la fibre
sont les mêmes. Nous avons des preuves de l'ancienneté de la cuve
au vouède, mais nous n'avons pas de documents permettant de semblables suppositions pour l'indigo, appliqué à la teinture de la laine.
Ainsi le vêtement pourpre du ixe siècle dans lequel fut inhumé
saint Ambroise et analysé par Frapolli, Lepetit et Padulli (*Gazetta
chimica*, 1872, II, 78) n'était certainement pas piété à la cuve à
l'indigo-orpiment, mais bien à la cuve au vouède par fermentation.

[1] Gelliodts-van-Severen dans son inventaire, *loc. cit.*, tome II, page
196, note 15 confond la gaude avec le guède.

Voici quelques désignations que nous avons relevées dans d'anciens textes et qui se rapportent toutes au guède (*isatis tinctoria*
Linné).

Waide (1335), waisde, waisda (langue picarde). Guaisdium, gaisdo,

en jaune de certains draps d'administration et pour la soie dans quelques cas exceptionnels. Au moyen âge, c'était la seule matière colorante jaune autorisée par les règlements. Comme rouge, on employait le kermès et la graine et c'est spécialement les draps fins et de prix qu'on teignait à l'aide de ces matières colorantes. Le kermès était un produit de qualité supérieure et différent de la graine. A Florence, l'art de la teinture fait une différence entre le « chermisi » et la « grana ». Le kermès [1] était la drogue venant de l'Orient, la graine

guaisdo, guadus, guesdium (dans du Cange), wuyde (Beauvais, 1454) woyde, weyde (environ 1350 Hans. Urkund. buch, tome III, page 474).

Valdea, vailda (Hans. Urkund. buch, Gloss., tome III, p. 582), wisde (1356 Hans. Urkund., tome III, page 157). Guesde, gueide, guaide (xIIIᵉ siècle, Livre des métiers d'Et. Boileau), weede, wede wet (flamand) dans un tarif de tonlieu du xIIᵉ siècle (1159-67), § 94. Bigata wet 2 d. dans Giry, Histoire de la ville de Saint-Omer. Une traduction française de ce tonlieu de 1328 donne au § 94 « la chareté de waide », pastellum (1317) wesde (milieu du 13ᵉ siècle arch. municip. de Douai).

Saide (dictionnaire de Jean de Garlande fin du xIᵉ). Note probablement ajoutée par son commentateur du xIIIᵉ), voide (Rouen, 1378), weda... tarif de 1252 cité faussement par Gilliodts comme Gaude, la suite de ce tarif mentionne « centenum garbarum gadildi quod est waude », ici il s'agit indubitablement du jaune de gaude. — Ghaide, gueide, gaida, gousde, voyde, waisdum (capitulaires de Charlemagne). En latin : glastum, en italien guado. En anglais woad; goud, mais plus souvent woad. Le mot italien aurait également pu contribuer à la confusion dont nous venons de parler.

La gaude (plante tinctoriale jaune, *reseda luteola*, Linné).

Nous relevons : Gauda, gaudum, waude, gauch, gaulde, gayda, vaude.

[1] Le kermès qui était employé en teinture pendant tout le moyen âge portait la désignation de vermiculus, de là les draps vermiculata, qui ne désignaient pas des draps rayés, mais bien des draps teints en vermillon. — Nous rencontrons aux mêmes époques le mot gra-

représentait le produit qui venait de l'Europe occidendentale, spécialement de l'Espagne et du sud de la France. Dans la teinture de la soie on obtenait beaucoup plus de vivacité avec le kermès qu'avec la graine; sur la laine, la différence de vivacité n'était pas aussi grande. L'importation du kermès en Italie, au commencement du xiiie siècle, dut déjà être un article de commerce très important. Dans un traité de Gênes de 1236 avec la Tripolitaine, il est stipulé qu'on n'extraira que cinq navires chargés de kermès annuellement de ce dernier pays [1].

Muratori, dans la seconde partie des *Antiquités italiennes*, p. 379, a publié un document qui semble être du ixe siècle et qui contient toute une série de recettes de teinture. On y trouve une « compositio vermiculi » pour teindre les draps en rouge.

Dans les capitulaires de Charlemagne, il est fait mention du kermès [2]. Du reste la teinture en kermès est fort ancienne, elle était connue des Hébreux, des

num, et il est fort probable qu'on croyait les deux produits différents comme nature. L'un kermès = ver = vermiculus indique qu'on connaissait sa véritable nature, tandis que granum indiquait un produit d'origine végétale. Même ceux qui récoltaient la graine n'étaient pas bien fixés sur la nature du produit, car ils attribuaient l'éclosion des œufs à une putréfaction de la graine. Pour éviter cet accident dans le commerce ils emballaient le produit dans des sacs en cuir.

[1] Manuscrit du P. Semini de 1798. — Conservé aux archives de Turin.

[2] Capitulare de villis cap. 43. « Ad genitia nostra... dare faciant, id est linum, lanam, waisda, vermicula, warentia, pectins, etc... »

Klumker *(der friesische Tuchhandel)* cite entre autres cadeaux que Charlemagne fit parvenir au calif Harun-al-Raschid.. « pallia Fresonica, alba, cana, vermiculata vel saphirina quæ in illis partibus rara et multum cara comperit » (page 59).

Égyptiens, des Syriens. Les Romains la pratiquaient
à côté de la teinture en pourpre.

Dans son *Histoire naturelle*, Pline la mentionne souvent : « Coccum galatiae rubeus granum, aut circa
Emeritam Lusitaniae in maxima laude est » *(Histoire
naturelle*, IX, 45) ; il en parle également au livre XVI,
chapitre XII.

Comme autres matières colorantes rouges et spécialement pour les draps ordinaires, on employait la garance et le brésil ou brisil [1], cette dernière matière
colorante servait surtout pour des nuançages.

Les noirs s'obtenaient sur fond de bleu de cuve ;
puis le tissu était remordancé en alun et reteint en
garance avec addition de gaude [2]. Avant le XIII° siècle,
le brou de noix était également employé pour la
teinture des draps qui étaient vendus en dehors
de leurs pays de production [3] ; ainsi que la noix de

---

[1] Bois de Brésil (caesalpina sappan). Déjà cité dans un tarif de
douane de Lodi de 1192. En italien verzino. Son étymologie
probablement de braise (brasa), à cause de sa nuance rouge feu.
Pegolotti signale plusieurs qualités de brésil. Voir ce que Heyd,
Levantehandel, tome II, page 576, dit du brésil.

[2] Ce procédé pour teindre les noirs « grand teints » était encore
prescrit par les règlements donnés aux teinturiers par Colbert en
1669. § IX. « Les noirs des étoffes de haut prix seront de fort guesde
d'un bleuf brun nommé bleuf-pairs, pour la bonne qualité duquel il
ne sera mêlé que six livres d'indigo tout aprêté avec chacune balle
de pastel, lors que la cuve sera adoux, c'est-à-dire quand le pastel
commence à jetter une fleur bleuë et sans qu'après l'assiete de
ladite cuve, elle puisse être réchauffée plus de deux fois, puis sera
ensuite bouilly avec alun, tartre ou gravelle et après garencé avec
garence commune, ou crouste de belle garence.. etc...

[3] Le brou de noix était employé pour la teinture, en brun des
draps. GUILEMETH dans son *Histoire d'Elbeuf*, 1842, fait dériver le
mot brunette de brou de noix. « Brunoixe, brunoicte, brunette

galle [1] ; mais lorsque la draperie fut règlementée plus sévèrement au XIIIe siècle, ces ingrédients furent reconnus comme fausses teintures et ne furent permis que pour les draperies ordinaires de très bas prix. Les bruns en bonne draperies se faisaient alors sur mordant d'alun avec la garance et le brésil.

page 318. (ainsi que l'antique nom de Brunent, Elbeuf). « La « véritable composition de ce mot n'est donc autre chose encore « une fois que la réunion du mot brou ou broue, c'est-à-dire écume « avec le mot nux ou noix. Le brou de noix ayant toujours été chez « les Grecs, chez les Romains, chez les Gaulois, le principe impor-« tant, la base essentielle de toute couleur brune, il est fort difficile « de pouvoir trouver une autre étymologie raisonnable » page 364.

La Brunette était une qualité de drap, mais qui se teignait exclusivement en brun. « Li moles choses apele il cels ki vesteuz de déliée « vesteure si cum est chainsilz, escarlate, burmète, paile, samiz » (1155 serm. de Maur. de Sully, d'après V. Gay, Gloss. archéol.).

Brussequin, broissequin, on peut donner à ce mot la même étymologie (de brou) que celle que nous venons d'indiquer pour brunette. Drap brun uni ou mélangé et de qualité inférieure, V. Gay dit : « On y employait des laines de petit teint, passées à l'écorce de noyer. » « L'en fera brussequins de quoy la chainne sera de fil blanc teint en « escorce de nouyer et la traimme sera de noirs agnelins ou de laine « tainte en lad. escorce » (Stat. des drapiers de Reims 1340, VARIN, arch. de Reims). Mais son étymologie pourrait aussi être cherchée dans drap de Bruges ou de Bruxelles, Brusselsch laken ou Brughslaken, Bruxschlaken.

« A Hannequin le flamenc, drappier, pour 8 aulnes de marbré « broussequin long de Broisselles, à faire cote hardie » (1349. Cpte roy. de Nic. Bracque f° 52 v° d'après Gay Gloss.) Cependant nous préférons la première étymologie, surtout que brussequin était presque toujours un drap de couleur brune.

[1] La noix de galle est déjà citée dans un tarif de 1140. Elle servait beaucoup, ainsi que l'alun, pour le tannage des peaux. On l'employait également pour la teinture du *Galebrun* (Galabrunus du Cange) probablement en combinaison avec le sulfate ferreux et autres mordants métalliques. Les Gallebruns se teignaient sur des draps de qualité très ordinaire. « Dictum fuit quod nichil actum erat contra constitucionem predictam, quia gelebruna non sunt

Toute une série de matières tinctoriales et de mordants furent interdits comme nuisibles, corrosifs et fausse teinture [1]. Comme mordants autorisés, nous avons outre

panni », etc... Olim, tome II, Philippe III, 1276). « Nullus fratrum nostrorum pannis qui dicuntur Galabruni vel Isembruni vestiatur » (S. Bernard, *de Vita et morib.* D'après du Cange).

Isembrun, Ysaubrin. « Eisenbraun » était probablement comme l'indique le nom obtenu par un sel de fer en combinaison avec la galle ou le brou de noix. Du Cange cite plusieurs documents dans lesquels figurent ces draps ; entre autres une charte de Louis le Jeune, de l'année 1170).

[1] « (4) Item. Toutes denrées dudict mestier qui ne seront bonnes « et loyaulx, qui seront embouquiés et où il aurait notable deffaulte, « comme de bouture, de couperos de taincture, de fueil de fusteil « de taincture... plastre (probablement chaux), etc... »
Confirmation des statuts des teinturiers de la ville de Rouen, 1385. Ordonn. des Rois de France, tome VII, page 116.

Couperose, il y avait probablement 2 sulfates portant ce nom. : la couperose verte ou sulfate ferreux, et la couperose bleue ou sulfate de cuivre.

Bouture (boulure). D'après une note de Secousse : « lessive composée de plusieurs drogues dont on se servait autrefois dans les Hostels des Monnoyes et chez les orfèvres pour blanchir l'argent. » Savary Desbruslon, Dictionn. du commerce, au mot bouture : « C'est une lessive composée de lie de vin sèche, bien battue, de sel et de quelques autres ingrédiens.... »

Fueil de fusteil. Dans le livre des métiers de Boileau nous relevons : « Nus tainturiers ne puet ne ne doit metre alun de bouquauz ne fuel de fuelle » (XIIIe siècle). Fagniez, Etudes, *loc. cit.*, admet (à la suite d'une note de 1322 qui se trouve en marge d'un manuscrit du Livre des métiers et qui dit « marchandise de prelle dont on fait le fuiel ») que le fuel ou fuiel était a matière colorante de l'orseille. Nous ne partageons pas cette opinion, car les propriétés tinctoriales des lichens du genre de l'orseille ne furent reconnues qu'en 1300 (le Livre de Boileau ne devrait donc pas en parler), et pendant plus d'un siècle cette exploitation était restée entre les mains des Italiens. Depping en citant le règlement des drapiers de Rouen de 1385 qui défend l'emploi de fueil de fusteil, n'a pas tort d'en déduire « que la défense imposée aux teinturiers de Paris au XIIIe siècle portât également sur l'emploi de feuilles de fustel ». A moins qu'on admette

l'alun, le tartre, crème de tartre, vinum lapidum (lapide vini 1278, Hans. Urk. buch, vol. I, 278) winsten, (tarif de 1252) qui était un article de commerce très important, on l'employait généralement en combinaison avec l'alun pour le mordançage. La cendre clavelée nous semble être le produit obtenu par incinération de la lie de vin plutôt que le produit de la calcination du tartre, qui lui-même avait une trop grande valeur marchande pour le transformer en un produit d'une valeur bien inférieure. La « chendre floerech, weedasschen ou waid-aschen » était une qualité de cendres spéciales qu'on employait pour le montage de la cuve du bleu de waide [1]; outre cela, on employait de la chaux

que dans le texte de 1385 il manque une virgule entre de fueil et de fusteil.

Fusteil, fustet. Fustel ou fustic (Rhus cotinus). Arbrisseau dont le bois donne un colorant jaune.

Leonh. Fuchs dans la première moitié du xvi⁰ siècle fait la distinction entre deux sortes de queue de cheval : « l'une est plus longue, nommée d'aucuns herbiers Asprella etc. » (édition française, Paris, 1549 in-f⁰, chap. 175).

Matthiole, *loc. cit.*(p. 557) cite également 4 espèces de prelle, qu'il nomme « queue de cheval »; d'après les bonnes figures données par cet auteur il est facile de reconnaître le prêle (Equissetum) en italien « asperella », mais aucune de ces plantes ne permet un rapprochement avec l'orseille.

Noir de chaudière ou *de molée.* Fagniez, Études, *loc. cit.*, page 237, cite plusieurs arrêts tirés des registres du Châtelet prononçant des condamnations pour emploi du noir de moulée prohibé. Il donne également une note sur la composition du noir de moulée que nous reproduisons ici : « Nota. Du noir de chaudière appelé molée qui se fait d'escoce d'aulne et de lymon qui est en une meulle tout boully ensemble et si y mettent de la limaille de fer ou lieu de mollée boullu en vin aigre. » Livre du Chât. vert vieil, 2ᵉ fⁿ, XXIII, v⁰.

[1] Ces cendres étaient principalement fournies par les pays du nord (Norvège) et étaient obtenues par l'incinération du bois des pins.

vive qui, en combinaison avec les cendres, donnait
naissance à la soude caustique employée dans la teinture de waide [1]. Il était défendu de mettre ces deux
ingrédients dans la cuve, pour éviter le précipité du
carbonate de chaux dans les draps, ce qui leur aurait
donné un aspect poudreux, mais on n'ajoutait la lessive
qu'une fois que le dépôt s'était fait. Cette précaution
indique un état très avancé de l'art de la teinture ; et
en effet l'art du teinturier ne se bornait pas à la production de couleurs élémentaires comme vermeilles,
sanguines, paonnaces, etc. ; on est vraiment étonné de
rencontrer des dénominations de coloris comme, « ap-
pelbloesseme » laken, couleur de fleur de pommier,
« perkersbloesseme », fleur de pêcher [2], « rozeyd laken »
draps rosés [3]; outre, cela on rencontre des draps gris
clair ou gris foncé, gris couleur de « doz d'asne [4] »; du

[1] Item, ke nus tainteniers la u on taint draes ne jetèche ne ne
fache jeter cauch en le caudière descoupes (à la pelle), ne autrement. Mes s'il voelent avoir lissive il le pueent bien faire en une
estande (cuve) estant d'en costé le caudière. Et quant celle lissive est
clère, de le clere pueent il bien mettre en le caudière sans fourfait. »
(2 mai 1309). Archives d'Ypres livre des Keures. « Ch'est des tainteniers à le caudière. » Nous trouvons une disposition analogue pour
les teinturiers d'Arras, registre mémorial de la ville d'Arras, 1354 à
1383.

[2] « Item pour 2 aunes de fleur de peschier, etc. » Compte de
Geoffroi de Fleuri, dans Comptes de l'argenterie des rois de France
au xive siècle, par L. Douët-d'Arcq, p. 5. Nous retrouvons encore
les désignations de fleur de pommier et de pêcher au xviie siècle dans
les ordonnances concernant la teinture des draps, du mois d'août,
1669, § XXIII.

[3] Item une robe d'escarllate rosée de 5 garnemenz. Douct-d'Arcq,
loc. cit., page 30.

[4] « Ledit Parceval, pour 7 aunes d'un gris de Broisselles couleu
de doz d'asne ». Douet-d'Arcq, *loc. cit.*, page 288.

J.-B. W.

vert clair, vert gay, ou vert prairie (Licht groen), la désignation de licht et doncker clair et foncé se trouve appliquée à tous les coloris.

Nous ne pourrions affirmer que les teinturiers en draps connaissaient déjà le tour ou tourniquet (haspe) placé au-dessus de la chaudière et mû à bras d'hommes. Rien dans les textes que nous avons parcourus ne permet une semblable supposition. Nous pensons que le mouvement de la pièce dans le bain de teinture s'effectuait à l'aide de petits crochets (crampons) que le teinturier en bleu de cuve emploie encore aujourd'hui et à l'aide desquels il tient la pièce au large par les lisières et la fait tourner sous le bain de teinture. Ceci se fait pour empêcher l'oxydation de l'air pendant la teinture à la cuve. Les guédrons du moyen âge étaient naturellement forcés d'opérer ainsi pour la teinture des bleus, mais le faisaient-ils également pour les autres nuances ne demandant pas ces précautions, c'est ce que nous n'avons pu éclaircir. Le premier document figuré représentant le tourniquet sur la chaudière que nous ayons rencontré est une gravure sur bois de 15 40, contenue dans le Plictho de Rosetti [1].

Après la teinture, les draps étaient rincés à fond puis étendus aux rames pour être séchés; après le séchage, ils étaient remis aux tondeurs « à fin ».

---

[1] Gioanventura Rosetti, *Plictho de larte de tentori che insegna tenger panni telle Banbasi et sede*, etc. in Venetia per Francesco Rampazetto, 1540, petit in-4°. Cet opuscule est le premier ouvrage imprimé, traitant de l'art de la teinture.

III

EXPOSITION DE NOTRE SUJET

L'écarlate, le « scarlaken », était un drap à tondre ou
à retondre. Beaucoup d'auteurs, auxquels nous nous
joignons, ont émis l'avis qu'au moyen âge les draps
n'étaient pas terminés dans leur pays de fabrication,
mais qu'ils étaient vendus dans les foires et aux halles
aux marchands de toutes nations, qui les importaient
dans leurs pays, où ils les faisaient teindre et apprêter
selon le goût de la population[1]. Nous trouvons, pour
les XIIIe et XIVe siècles, de nombreux documents qui nous
confirment cet état de choses[2]. Mais ce n'est pas à cette

[1] Schmoller, *Strassburger Tucher*, loc. cit., page 418 : « La plus
grande partie des draps était anciennement mise sur le marché sans
être tondue. » — Doren, *Die Florentiner Wollentuchindustrie*, Stuttgart, 1901, in-8, exprime également cet avis page 24. — Schanz,
Englische Handelspolitik, page 184. — Dr A. Schulte, *Geschichte
des Mitt. Verkehrs*, loc. cit., page 701, dit qu'on tondait également à
Milan les draps ultramontains.

[2] M. Espinas cite des exemples de draps écrus (blancs) pour Douai
(Jehan Boine Broke, *Vierteljahrschrift*, II. 2, page 228).

Nous avons sous les yeux un compte de vente de draps qui fut fait
à la halle d'Ypres en 1302. — La première partie de ce compte se
rapporte à une vente de 278 draps teints se montant à la somme de
2818 livres 2 sols. — Puis 301 draps blancs « achaté et sammeleit

époque seulement qu'il faut faire remonter cette pratique, car, logiquement, elle est bien plus ancienne. Ce n'est pas au moment où nous trouvons en Flandre une industrie drapière des plus développées et des plus florissantes, des corporations de teinturiers et de tondeurs de draps qui produisent des draps d'une extrême finesse, qu'il faut placer le début de cet usage [1]. Au

pour les arbalestriers », ces draps coutent 2514 livres 13 s. 7 d., puis ces draps furent donnés à teindre à toute une série de teinturiers et comme ils devaient servir à habiller uniformément les arbalétriers le compte pour tous ces draps mentionne la nuance « araigne ».

> « Pour VI dras à taindre araigne
> « Pour XII dras à taindre araigne
> « Pour XVIII dras à taindre araigne... ., etc..... »

« Araigne se rapporte probablement à une nuance grise couleur d'araignée, à moins qu'on ne veuille lire « araenge » (orange) couleur que nous trouvons dans le grand règlement de teinture d'Ypres donné de 1292 à 1309, § 43..... « et pièche de draes et araenge et roijet et gaunes. ..., etc. »

Nous ne pensons pas qu'il faille chercher ici une synonymie entre notre nuance « araigne et la qualité de drap « Yraingne » qui se fabriquait au moyen âge. Cependant l'éditeur de Lacurne ajoute : « Yraingne était un drap de luxe fabriqué ordinairement à Ypres, fort à la mode sous les trois premiers Valois. — La même pièce signale un deuxième état de 31 draps blancs vendus pendant la même année à la halle aux draps ; puis une troisième série de 91 draps blancs au prix de 842 livres 1 sol. — Ce long rouleau de parchemin, qui indique de qui chaque pièce a été achetée, semble être une partie d'un livre journal tenu à la halle aux draps. — Malheureusement ce document ne contient aucune indication au sujet de la qualité des draps. (Diegerick a analysé sommairement cette pièce dans son *Inventaire des Chartes et documents de la ville d'Ypres*, tome I, 1853, page 182.)

[1] Nous trouvons déjà dans le poème du moine de Reichenau « conflictus ovis et lini », qu'on place dans la première moitié du XIe siècle, les draps bleus foncés et verts des Flandres énumérés comme des tissus des plus fins. — Un tonlieu du milieu du XIIe siècle de la

xiiie et au xive siècle, on vend encore des draps blancs
(écrus) à côté de nombreux draps teints. Les acheteurs,
pour des raisons économiques, ou tenant compte du
goût de leurs consommateurs, ont conservé l'ancien
usage. Mais très souvent ils font teindre ces draps sur
place même, avant de les expédier à leur clientèle. Il
est difficile, d'autre part, d'assigner une date approxi-
mative à l'origine de cet usage. Il est cependant admis-
sible qu'avant le commencement du xie siècle les habitants des républiques italiennes, bien plus experts dans
l'art de la teinture et de la tonde des draps, venaient
dans les Flandres et en France acheter des draps écrus,
des « scarlaken », draps à tondre, aux foires de Saint-
Denis, foires locales d'autres villes de Flandre et du midi
de la France. Les vendeurs de ces tissus, sachant qu'ils
devaient être retondus ailleurs, les désignaient simplement de draps à tondre. Fin du xiie siècle, ou au plus
tard au commencement du xiiie, nous nous trouvons, à
Florence, en présence d'une corporation de spécialistes
apprêteurs, organisée et très développée[1]. Ils achètent

ville de Gênes signale déjà les « panni d'Ypre », et ce n'étaient certainement pas des draps blancs, car on ne les désignait pas par le
nom de la ville d'origine. — Il s'agit bien là de draps terminés à
Ypres et qui avaient déjà, à cette époque, de la réputation (Mémoire
sur le commerce de Gênes composé en 1798 par le P. Semini conservé en manuscrit aux archives de Turin.)

[1] Une immatriculation des membres de la Calimala de 1225 donne,
pour cette année, plus de 100 boutiquiers exerçant cet art. (*Archivio
delle arti. Arte di Porta Santa Maria. Trattato antico dell'Arte della
seta*, publié par Gargiolli, 1868, pièces justif., nº VI, page 287.)

Pagnini, *Della decima*, tome II, page 104, dit de « l'Arte di Kali-
mala di panni Franceschi et Oltramontani », qu'en 1338 il y avait
encore 20 ateliers qui faisaient venir 10 mille draps par an d'une
valeur de 300.000 florins d'or. A ce moment, d'après le même auteur,

les draps écrus en Flandre et en France et les apprêtent
et les teignent chez eux. Ces draps, appropriés spécialement aux goûts des nations d'Orient, sont exportés
par l'entremise des Vénitiens. Mais une partie de ces
draps revient cependant en France, en Angleterre et
probablement encore dans d'autres pays de l'Europe
centrale après finissage. Ce n'est que plus tard que se
développe à Florence l'industrie drapière, proprement
dite « l'Arte della lana » (voir note 1, page 73-74). Nous
trouvons également, à Montpellier, vers la fin du
XIIᵉ siècle, la teinture des draps en rouge à l'aide de la
graine, suffisamment développée pour motiver une
interdiction aux étrangers de teindre en rouge ou toute
autre couleur (*Petit Thalamus*, page 137). Il est bien
probable que non seulement on teignait, à Montpellier,
les draps fabriqués dans la ville même, mais que des
draps du midi de la France y étaient expédiés « en
blanc », pour être teints et apprêtés. Marseille était
également renommée pour la teinture des draps en
rouge. (A Venise aussi on teignait des draps fins en
kermès.) Cette industrie française d'apprêt semble
cependant avoir été relativement peu importante en
comparaison de la Calimala. L'exportation des draps
écrus, que les Florentins et les Vénitiens appelaient les
« panni Franceschi », était encore, au commencement

il y avait déjà 200 boutiques de drapiers (faisant partie de l'Arte della lana, s'occupant de la fabrication complète des draps de laine) qui
produisaient annuellement 70 à 80.000 pièces de draps. — La Calimala était en décadence, c'est l'Arte della lana devenant de jour en
jour plus puissante qui faisait disparaître, petit à petit, cette corporation d'apprêteurs qui avait joué un si grand rôle à la fin du
XIIᵉ et au commencement du XIIIᵉ siècle.

du xive siècle, très importante, et les prud'hommes
du métier de la draperie jugeant que le pays et les
drapiers pouvaient retirer un intérêt bien plus grand
en teignant et en apprêtant eux-mêmes ces draps, Philippe V, dans la grande ordonnance sur la draperie de
Carcassone, Béziers et autres localités ressortissant à
la sénéchaussée de Carcassone, interdit l'exportation
de ces draps et de tout ce qui pouvait intéresser l'art
de la draperie : matière première, drogues de teinture,
ustensiles, etc., en février 1317 [1] (1318, n. st.).

Les draps blancs, écrus qui se trafiquaient ainsi, surtout au début, étaient simplement foulés et peut-être lainés et tondus en blancs, par le tondeur à table mouillée,
c'est-à-dire après avoir reçu des apprêts tout à fait élémentaires. Le nom de « scarlaken » écarlate leur était
resté même au xiie siècle où l'on commençait à teindre
et à apprêter les draps fins dans leur pays d'origine.

Nous avons rencontré pour la première fois le mot
écarlate dans l'acte de donation de l'empereur Henri III
qui est du milieu du xie siècle [2]. Puis, à peu près
à la même époque, dans le dictionnaire de Jean de
Garlande ou de Galande (composé dans la seconde
moitié du xie siècle [3]). Au xiie siècle, dans Petrus Mauri-

---

[1] La même interdiction avait déjà été faite en 1303 par Philippe
le Bel ; en 1315 cette interdiction fut levée et finalement remise en
vigueur par l'ordonnance que nous venons de citer.

[2] Que nous avons cité page 22.

[3] Il dit au sujet des drapiers : « Pannarii, nimia cupiditate fal-
laces, vendunt pannos albos et nigros, camelinos et blodios, brune-
ticos et virides et scarlaticos, radiatos et stanfordios » L'auteur cite
pêle-mêle des qualités de draps et des coloris, de sorte qu'on ne peut
dire dans quel sens l'auteur emploie ici le mot écarlate ; nous citons
cet exemple à cause de sa date relativement reculée.

tius[1] (mort en 1157), puis on le rencontre fréquemment dans les inventaires, dans la littérature populaire, dans les ordonnances et dans les tarifs de tonlieu. Toutes ces citations que nous faisons suivre se rapportent à un tissu et non à une couleur[2].

[1] In Statutis Cluniacensibus, cap. 18 : « Statum est ut nullus scarlatas, aut barracanos vel pretiosos burellos habent ». Il cite des qualités de draps sans indication de coloris, ni pour les uns ni pour les autres.

[2] Le premier Roman de la Rose ou Guillaume de Dôle qui est de la fin du xii⁰ ou tout au moins du commencement du xiii⁰ siècle fait revètir à son héros une magnifique robe « d'escarlate noire comme mûre ».

« D'un mantel d'escarlate gris.

« Est afublez é jenz vestus. » (Chron. des ducs de Normandie, tome I, p. 351).

Vers 1281, dépenses faites au sujet de la naissance (d'un enfant du comte de Flandre; présents offerts à la comtesse par les villes de Flandre. (D'après Dehaisne, loc. cit., tome I, p. 75).....

« Item les presens de le ville de Gand..... quatre escarllates roiges, item quatre escarllates bruns sanguins ».

« Pour fourer la robe madame de escallate noire du Noël ». (Mahaut, loc. cit., 1314, p. 180).

« Une escallate roiie de Gand et destainte ». (Mahaut, 1314, p. 194).
« A dame Ysabel du Tramblai, pour IIII aunes d'escallate roiée à
« II files de soucié XXX S. l'aune, et IIII aunes et 1 quartier de fleur
« de peschier XXII S. l'aune pour faire une robe extraordinaire pour
« Robert Monsgr. X lb. XIII S. VI d. (Mahaut, 1314).

« Item V aunes de escarlate marbrée à faire cauches pour no dit
« seigneur pour IIII lbr. » (Mahaut, 1335, p. 413).

Dans le livre de comptes de Johann Tölner (1345-1350), publié par Koppmann, Rostock, 1885, nous relevons « pro 3 ulnis albi scarlatici..... » (page 26) et « pro 7 ulnis stripatici scarlatici.. .. » (page 5).

Ordonnance de foire de Cologne, 1360..... (D'après Keutgen Urkunden zur städtischen Verfassungsgeschichte, Berlin, 1901 (p. 327).

« 4. Ind men sal nemen van deme ganzen scharlachen doiche eyes
« nen halven Gulden, van deme langen doiche zwene alde groissen
« ind van deme kurten eynen alden groissen..... 5. Item van deme
« stryfden eynen halven alden groissen ind van dem stryfden schar-

Nous venons de relever des écarlates de toutes nuances, des rayées et marbrées et en effet écarlate ne signifie pas une seule qualité de drap, mais bien une catégorie de draps fins qui deviennent des écarlates comme l'indique notre étymologie, par les apprêts et spécialement le tondage[1]. Ce qui confirme encore notre opinion est le fait que nous avons parcouru un très grand nombre d'anciennes keures et règlements en vue de retrouver des dispositions particulières, des règlements de fabrication pour les écarlates, mais nous n'en avons trouvé ni en Flandre ni en France. Nous trouvons des indications pour le nombre de fils de chaîne, qualité des laines, durée du foulage pour les Estamfors, Afforchies, Derdeline, Dickedinn, Pifelars, Karsayes, etc., etc. Mais nulle part il n'est question d'une réglementation pour la fabrication des écarlates. Par contre, nous rencontrons des règlements pour la fabrication de draps désignés simplement de « draps fins », draps larges, etc. Sans aucun autre qualificatif, ces draps pouvaient devenir des « écarlates » par le finissage. Dans la sentence rendue en 1270 pour les dra-

« lachen zwene alde groissen : ind dit is ze verstan van deme
« Gewande van Brabant ind van Vlandren ».

1386 (Froissart, I, 3. ch. cxxxiv.) « Li fut ce jour le roy de Portugal
« vestu de blanche écarlate à une vermeille croix de S. Georges ».

« 1328. Item, onze aunes d'escarlate blanche, présié 131. » (Inventaire de Clémence de Hongrie, Douët-d'Arcq, *Nouveau recueil de comptes de l'Argenterie*, Paris, 1874, page 72).

[1] Nous en trouvons un exemple dans l'énumération des draps saisis à Calais comme appartenant à des bourgeois de Saint-Omer lors des troubles de 1306. Le bailli porte à l'avoir de Gilles Alhere, échevin de Saint-Omer; seize pièces de drap : six draps blancs « dont on fait escarlate », puis des écarlates sanguines, etc. . (Mahaut. *loc. cit.*, p. 168.)

piers de Paris fixant les prix de façon des différentes qualités de draps, il n'est pas question d'écarlate et pourtant on y trouve une énumération très étendue des qualités de draps qui se fabriquaient à cette époque. On pourrait nous objecter que Paris n'était pas renommé pour la fabrication des écarlates et que dès lors il n'y a rien d'étonnant à ne pas trouver de réglementation spéciale se rapportant à ces étoffes. Nous avons également parcouru minutieusement les règlements de la ville d'Ypres, qui produisait au moyen âge des écarlates renommées, ceux de Bruges et bien d'autres. Gand qui était également renommée pour la fabrication de ses draps écarlates a conservé très peu de chose au sujet de ses anciennes ordonnances sur la fabrication des draps au moyen âge.

Les écarlates étaient des tissus fins et de grande valeur [1].

Dans un ouvrage composé au commencement du xiii siècle (1211), Gervasius Tilberiensis « otio imperialia ad Ottonem IV. » dit au chapitre III, 55. De vermiculo.... « Vermiculus hic est, quo tinguntur

---

[1] Schmoller, *Strassburger, loc. cit.*, p.426, dit : « A en juger, d'après le droit de tonlieu qui était prélevé sur le drap écarlate, ce tissu avait une valeur 20 fois plus grande que les draps de Strasbourg. »

Koppmann, *Tölner, loc. cit*, dit : « Dans nos villes de l'Allemagne du Nord l'écarlate était connue depuis longtemps au milieu du xive siècle, mais apparemment à cause de son haut prix, on né a rencontrait pas fréquemment ».

A Wismar, en 1339, on ne permettait l'apport de draps écarlates qu'à condition que la dot se montât à 100 marcs d'argent : « Item nullus dabit filie vel nepti sue scharlaticum pannum, nisi dederit sibi nomine dotalicii centum marcas argenti. (Koppmann, *Tölner*, p. xxxiv).

pretiosissimi regum panni, sive serici, ut examili,
sive lanei ut scharlata ». Cet exemple nous montre
encore que le drap ne devenait pas un écarlate par
suite de la teinture en graine, mais qu'on teignait
également entre autres qualités de draps les écarlates
en graine.

Ces draps de luxe étaient portés par des personnages
de haute lignée, par les chevaliers et la riche bourgeoi-
sie. Les princes faisaient cadeau de draps écarlates à
leurs vassaux. Les villes drapières offraient en cadeau
des pièces de drap écarlate aux personnages de haute
noblesse, à leurs princes lorsqu'ils faisaient leur entrée
solennelle.

Douët-d'Arcq dans sa notice sur les *Comptes de
l'Argenterie*, page XVIII, dit au sujet de l'écarlate : « Les
« écarlates tiennent le premier rang parmi les étoffes
« de laine. C'étaient les draps les plus riches et les
« plus estimés. On s'en parait dans les occasions so-
« lennelles. C'est ainsi qu'aux réceptions de la cheva-
« lerie, les nouveaux chevaliers étaient presque tou-
« jours revêtus de manteaux d'écarlate. Les Flandres,
« et surtout Bruxelles semblent avoir excellé dans la
« fabrication des écarlates [1] ». Si au début l'écarlate

---

[1] Voici quelques exemples de la valeur des draps écarlates :

Mahaut paie 45 livres pour « une escallate noire achetée par Guillaume de Neanhon pour faire une robe pour Madame, quant Robert
Monsgr. fu mort ». (Mahaut, *loc. cit.*, p. 184).

« Anthoinne Brun, drapier, pour 2 escarlattes de Broixelles,
« achatez de lui en février, et délivrés par la cédule du Roy, ren-
« due à court, pour faire robes et manteaux au chancellier de France
« et à l'évesque de Chaalons... Pour 216 escus, 12 s. la pièce, va-
« lent 129 liv. 12 s... » (Douët-d'Arcq. *Comptes*, p. 151).

« 5° D'eus (des tailleurs du roi) pour 20 paires de robes d'escarl-

avait eu le sens de couleur rouge et non de drap comme l'ont avancé certains auteurs, nous devrions retrouver l'expression d'écarlate appliquée à d'autres textiles que la laine ; à la soie par exemple ; il n'y a aucune raison pour que ce mot soit resté attaché aux draps de laine soit pour désigner un coloris, soit plus tard pour prendre le sens de tissu.

Les draps de soie unis, les tissus avec fils d'or et d'argent, les velours ne portent à aucun moment la désignation d'écarlate, mais bien vermeil, cramoisy, sanguin, rouge, ou la désignation technique « teint en graine ». Aucun drap de soie n'était soumis à l'opération de la tonde, si le mot écarlate n'est pas appliqué aux tissus de soie, soit dans le sens de couleur, soit dans celui de tissu, cela serait un argument en faveur de notre étymologie. Dans les anciens romans de chevalerie, dans les fabliaux, chansons de gestes, nous ne pensons pas qu'on rencontre le mot écarlate comme

« late vermeille pour chevaliers nouviaus..., etc. » (Douët-d'Arcq, p. 10).

Gaillard, dans son Glossaire flamand, p. 562, cite un extrait de la chronique de Despars qui établit une distinction formelle entre le scaerlaken et le drap ordinaire. Voici ce que nous lisons dans la description du cortège qui alla au-devant du duc, en 1440, à son arrivée à Bruges :

« Daer naer volchden C ende XXXVI cooplieden van der duytscher hanse te peerde, al in rooden scharlakene ghecleet... Die Milanesen waren al ghehabitueert (totten ghetale van XI te peerde) in peersch scharlakene ende haerlieder die naers in peersch lakene... Die van Catalongnen hadde alle ghelijck viollette scharlakene habijten, maer haerlieder ghesellen niet dan van violette lakene. » Cet extrait, à notre avis, démontre clairement que le scarlaken était un drap de luxe et que ce mot n'avait aucun rapport avec le coloris, puisque nous trouvons les serviteurs ou valets habillés de même couleur que leurs maîtres, mais en drap ordinaire (laken) et non en scaerlaken.

qualificatif d'un tissu de soie teint en rouge. Dans les quelques ouvrages que nous avons pu parcourir, nous ne l'avons pas rencontré appliqué dans cette acception[1]; mais exclusivement pour des draps de laine.

Mais même si par hasard une application du mot écarlate à un tissu de soie devait se trouver exceptionnellement chez un auteur, il ne faudrait pas y ajouter trop d'importance, car le langage populaire et celui des trouvères et poètes n'est pas toujours conforme aux pratiques industrielles, ils n'emploient pas les termes techniques du métier, nous aurons du reste l'occasion de revenir sur cette question. — Pour nous rendre compte si réellement le mot écarlate n'a trouvé aucune application aux tissus de soie au moyen âge, nous nous sommes surtout adressé à d'anciens inventaires et testaments de personnages princiers, inventaires de broderies, tapisseries et tissus précieux de cathédrales, de monastères, etc. Là, la description de ces tissus est précise, autant au point de vue de la qualité du drap que

[1] « Robe vere, cote et mantel.

« Li et es porter de soie en graine. » *(Le chevalier au Lion,* dans The Mabinogion, part. II, p. 169.)

« Li sire avoit devant son vis
« Torné son mantel en chantel
« Et sorcot herminé trop bel.
« De soie en graine et d'escuiriex. » *(Le Lai de l'ombre,* v. 274.)

« Car se nule pucele doit avoir dras de laine,
« Ceste les doit avoir de soie tainte en graine. » *(Gautier d'Aupois,* etc., p. 11.)

« Cote à armer d'un cendal de Melant.
« Plus est vermeille que rose qui resplent.
« A III lyons batus d'or richement. »
(Le roman de Gaydon, commencement du xiiie siècle, p. 403 et suiv.)

des nuances, car il s'agit de distinguer les pièces de
draps et les vêtements inventoriés les uns des autres.
Les Comptes de l'argenterie des rois de France au
xive siècle que nous avons souvent eu l'occasion de
citer dans le cours de cette étude fournissent des indications précieuses au sujet des tissus de soie au
moyen âge. De même les inventaires et comptes donnés par Laborde dans les ducs de Bourgogne. L'inventaire des biens de Raoul de Nesle, connétable de France,
daté du 22 novembre 1302, est une pièce également intéressante ; mais une pièce capitale pour l'étude des tissus au moyen âge est incontestablement l'inventaire
des biens-meubles laissés par Marguerite de Flandre,
duchesse de Bourgogne, daté du 7 mai 1405. Cette
pièce a été publiée par Dehaisne dans son ouvrage sur
l'Art en Flandre, déjà souvent cité, tome II, page 901.
— Nous trouvons là des séries de coffres remplis de
vêtements précieux, confectionnés avec des draps d'or
et d'argent, avec les tissus de soie les plus variés, les
plus précieux et de toutes provenances. Des armoires
et des coffres remplis de tissus de soie en pièces non
confectionnés encore ; ainsi qu'une très grande variété
d'étoffes de laine. — Autant dans cette pièce capitale
que dans tous les autres documents similaires que nous
avons parcourus, jamais le mot écarlate ne s'est trouvé
appliqué à un tissu de soie comme qualificatif de nuance
rouge, ni comme désignation pour une qualité de tissu.
Nous avons relevé des samits, cendaus, camocas, satins,
tiercelins, veluyaus, dras de Damas, camelots, taffetas, etc., etc., mais rien qui ait la moindre analogie
avec le mot écarlate. — Dès que nous ouvrons la lon-

gue liste des draps de laine inventoriés sous le titre de « Draps de laine et autres choses, estans es armaires « de la dite Garde Robbe, prisée par ledit Guillemin et « Andrieu Camp », nous trouvons immédiatement en tête, toute une série d'écarlates de toutes provenances et, détail intéressant à noter, ces écarlates sont presque toutes de couleur rouge, mais jamais le mot écarlate n'est employé comme qualificatif, toujours comme substantif et dans le sens de draps[1].

Nous venons de parler des tissus de soie, mais également pour la désignation de coloris rouges dans d'anciennes tapisseries, le mot écarlate n'est jamais employé.

Les anciens recueils de secrets, concernant la teinture des os, bois, crins, etc., préparations de couleurs pour la peinture, n'emploient jamais le mot écarlate.

Si au début le mot écarlate avait eu comme signification drap teint en rouge de graine ou de kermès, tous ces draps devraient être désignés draps écarlates ; or, nous pouvons établir d'une façon très nette la distinction entre le drap écarlate et le drap de laine teint en graine [2].

[1] « Une escarlatte vermeille entière ; item une pièce d'escarlatte « vermeille d'Engleterre, une autre pièce d'escarlatte vermeille de « Brouxelles... une autre pièce d'escarlatte vermeille d'Ypres. » Nous relevons cependant une seule pièce d' « escarlatte violet d'Ypres ».

[2] « A Jehan le Charpentier pour un drap marbré de grayne acheté par ma main..... » (Mahaut, page 187).

« Pour elle-même, la comtesse se fait confectionner par Guillot Langlois une robe d'écarlatte violette, présent de la ville de Saint-Omer, une autre de saie d'Irlande teinte en graine. » Mahaut, p. 195. (Le tailleur pour dames existait déjà au moyen âge, nos Parisiennes n'ont donc rien innové sous ce rapport. Les vêtements, autant des hommes que des femmes, se confectionnaient au moyen âge par le

Ce n'est donc pas par suite de la teinture en graine
que le drap devenait forcément écarlate, mais bien par
les apprêts spéciaux qu'on donnait à cette draperie
fine. Nous relevons, à côté des écarlates, des expressions comme « panus tinctus in grano, mixtus cum
grano, dras tains de graine ». La teinture en graine
étant d'un prix relativement élevé, on ne la faisait que
sur des draps d'un certain prix, et, dans d'anciens, tonlieus on trouve des draps teints en graine taxés,
comme les draps écarlates, mais la distinction entre
les deux espèces de draperie est très bien établie [1].

Dans notre introduction, nous avons fait remarquer
que les écarlates étaient le plus souvent demandées

tailleur; ce n'est qu'en 1675 que les femmes obtinrent le privilége
de tailler et de coudre les vêtements.)

« Pour V aunes de drap vermeil de graine dont on fist une tuni-
cle destaint pour Robert...., » (Mahaut, 1315, p. 393.)

21 juillet 1337. Inventaire des meubles du sire de Naste (d'après
Dehaisne, t. I, p. 315) « Item III piecches de dras de rouge grainne »,
mai 1904. Inventaire de Philippe le Hardi, Dehaisne, t. II, 849.

« Item une longue houpellande de camelot en graine ».

1296. Dans le testament de Guillaume de Hainaut, évêque de Cam-
brai, nous relevons : « A le feme Jehan de Relenghes, no robe rouge
de graine » (Dehaisne, t. 1, p. 88).

[1] Dans un tarif douanier de 1303, donné par le Roi d'Angleterre,
Edouard I aux Allemands et autres négociants étrangers, nous
relevons :

« § 10..... item duos solidos de qualibet scarleta et panno tincto
« in grano, item decem et octo denarios de quolibet panno in quo
« pars grani fuerit intermixta, item duodecim denarios de quolibet
« panno alio sine grano » (Hœhlbaum Hansisches Urkundenbuch,
t. II, p. 17), on fait payer le même tonlieu pour les draps teints en
graine pure que pour les écarlates.

« Van elkem laken ungegreynt 12 d., wat vul gegrent ys 2 s.
« unde wat half gegrent ys 18 d. » (Kopp. Hanserecesse 2, p. 82.
§ 1).

teintes en rouge à la graine, et les artisans prirent de
bonne heure l'habitude de donner le nom d'écarlate aux
draps fins teints en graine, à l'exclusion des autres
nuances teintes sur ces draps fins ; la graine elle-même
fut désignée graine d'écarlate. Cette confusion, de
la part de l'artisan (drapiers et teinturiers), si nous
pouvons nous exprimer ainsi, fut faite de bonne heure;
dès le commencement du xive siècle sûrement, peut-
être même déjà fin du xiiie [1].

Les gens de métier avaient-ils eu pour habitude,
avant cette époque, de désigner le drap fin destiné à
être tondu ou retondu, par écarlate, ou cette expression n'était-elle pas courante en langage technique ?
Comme nous l'avons déjà expliqué ailleurs, nous sup-
posons que écarlate était une expression populaire et
commerciale pour désigner les draps fins. Les gens de
métier ne devaient pas l'avoir employée comme terme
d'atelier. Mais ce sont eux qui, à force de teindre toujours ces draps fins en graine, en étaient arrivés, les
premiers, à ne désigner par écarlate que le drap fin
teint en rouge de graine et même de donner le qualifi-

---

[1] On trouve, dans l'ordonnance du 17 février 1350 (nouv. st.), rela-
tive à un impôt qui doit être levé sur les habitants de Paris et des
faubourgs, la graine qualifiée de « graine d'escarlate ». Ordonnances
des rois de France, t. II, p. 318.

« ..... et les draps blans qui ont le cordel (lisière) dedenz, doivent
estre tains en pure graine d'escarlate et non en autre tainture..... »

(Règlement pour les drapiers de la ville de Rouen, 1378. Ordonn.
des Rois de France).

« Item à Girart Faridan de Paris et à Jaque Fene, lombart de
Saint-Marcel, pour la tainture de graine desdis XII dras tains en
escallate vermeille, XVIII l. la pièce, valent IIe XVI lb. » (Compte
de l'hôtel de la comtesse d'Artois, 1317. Mahaut, p. 396.)

catif d'écarlate à la nuance rouge sur laine en bourre,
obtenue avec ou sans kermès [1]. L'extension encore plus
grande du mot écarlate dans le sens de couleur rouge,
appliqué à d'autres fibres textiles, par exemple à la soie,

[1] Nous trouvons à Florence, au commencement du XIVe siècle, le
mot « scarlatto », employé comme adjectif (par les gens de métier)
et désignant la couleur rouge. Dans un tarif de teinture (d'après
Doren, *Studien aus der florentiner Wirtschaftsgeschichte*, p. 5o8 et s.,
Stuttgart, 1901), valable du 6 novembre 1333 au 1er juillet 1334,
nous relevons les prix de teinture pour les « Stametti (probablement Estamfors) alla francescha » en différents coloris comme « pao-
nazzi e scarlattini di robbia.... prix 6 lbr ». Dans un tarif pour la
teinture de la laine en bourre de 1344/45. « I. Lana d'Inghilterra ....
« colori scarlattini..... 6 s. II. Lane grosse da Vui..... Lane scarlat-
« tine 5 s. ». Dans un tarif de 1387 « Panni scarlatini..... 10 lbr. 2 s. »,
Tarif de 1463 « Panni scarlatini per fini con 10 lbr. d'allume e
« 20 lbr. di ciocchi..... 10 lbr ».
L'opinion émise par Ott *(Etude sur les couleurs, loc. cit.,* p. 13o),
qu'écarlate signifie également « drap fin de couleur rouge » en même
temps que « drap fin de toutes nuances », semble surtout basée sur le
fait qu'il a trouvé des textes italiens du XIIIe siècle, où scarlatto,
scarlattino est employé comme adjectif et dans le sens de couleur
rouge. Nous n'avons pu contrôler la chose pour le XIIIe siècle, mais
au commencement du XIVe, nous rencontrons fréquemment le fait
non seulement en Italie, mais également ailleurs comme le prouvent
les exemples que nous avons cités précédemment pour la France.
Il n'y aurait rien d'étonnant que la confusion ou le changement de
signification du mot écarlate se soit produit en premier lieu dans
l'Italie du Nord, pays qui teignait de très bonne heure les draps fins
écarlate et tout spécialement en rouge à la graine, pour les exporter
en Orient. Il est cependant intéressant de noter que, même au
XVe siècle et également à Florence lorsqu'il s'agit de « drappi »
(tissus de soie) ou de soie teinte en écheveaux, l'expression « scarlatto » pour le rouge n'est pas encore employée. Dans le « Trattato
dell'arte della seta », *loc. cit.,* cap. LXXIII (tarif), on cite : « Velluti
chermisi, Zetani chermisi, Raso chermisi, taffettà chermisi, taffettà
di grana », etc., etc. Ce qui prouverait que, même un siècle plus tard,
scarlatto ne s'était pas encore introduit dans l'industrie de la soie
pour désigner le rouge teint en graine. A l'époque qui nous occupe,
scarlatto était devenu une désignation de coloris rouge, mais ne
s'appliquait encore qu'à la fibre de laine.

est d'origine encore beaucoup plus récente. Par contre, jusqu'au commencement du xvie siècle, le langage populaire, les poètes et trouvères maintiennent le sens de drap fin de toutes nuances au mot écarlate, ainsi que les commerçants qui sont en contact avec le consommateur habitué de longue date à cet état de choses. C'est de là que provient le fait qu'à une même époque (à partir du xive siècle) on peut rencontrer le mot écarlate employé dans le sens de drap fin de toutes couleurs, ou dans le sens de drap fin rouge teint en graine. Dans le premier cas, on se trouve toujours en présence d'un document littéraire ou commercial (tonlieu, inventaire, etc.), dans le second, il s'agira d'une ordonnance concernant les drapiers ou teinturiers (pièce technique) ou un document renfermant des termes de métier émanant d'un artisan lui-même.

Un autre argument en faveur de l'acception de drap fin, au début, est le fait que les premières ordonnances de teinture (documents techniques) que nous rencontrons ne parlent jamais d'écarlate. Si écarlate avait eu la signification de couleur rouge nous devrions certainement rencontrer cette expression dans des règlements de teinture comme ceux de Montpellier qui se rapportent d'une façon toute particulière à la teinture des draps en graine. Nous avons déjà dit ailleurs que la teinture en rouge était très ancienne à Montpellier. Guillem VIII avait promulgué en 1181, un statut défendant aux étrangers de teindre à Montpellier aucuns draps de laine avec la graine [1] (*Petit Thalam.*, p. 137).

---

[1] Déjà Guillem V, dans son testament de 1121, mentionne la

La grande charte du 15 août 1204, dans son article 110, fait la même défense[1]. Cette ordonnance contient en outre une restriction intéressante, qui nous permet d'en déduire que les draps qu'on teignait en rouge à Montpellier étaient des draps fins, des écarlates, car elle défend d'employer, pour la teinture des draps « blancs » en rouge, autre chose que la graine. « Nullus pannus laneus albus, tingatur in rogia, ita quod remaneat rubeus, nisi solum modo in grana. (*Thalamus* de Montpellier, § 111, page 48.)

En majeure partie ces draps rouges teints à Montpellier étaient exportés en Orient par l'entremise des Italiens.

L'industrie des draps fins, destinés à un trafic hors des pays de production ayant pris naissance à un moment où la teinture à la graine était connue et pratiquée de longue date, il est naturel qu'on appliquât ce genre de teinture vive, solide et relativement coûteuse, à ces draps fins de prix, de préférence à toute autre couleur. Cette pratique était d'autant plus justifiée que le moyen âge avait une préférence bien marquée pour la couleur rouge. Dans l'antiquité la couleur rouge avait été le symbole de la divinité et de la puissance des princes, le moyen âge avait conservé cette tradition. Les artistes, dans leurs œuvres polychromes (miniatures, verrières, etc.), revêtent le Christ après la résurrection de vêtements rouges ou blancs. Les grands dignitaires de l'Église portaient des

draperie et la teinturerie de Montpellier, d'après A. Germain, *Histoire du commerce de Montpellier*, t. I, 1861, p. 25.

[1] A. Germain, *loc. cit.*, t. I, p. 20.

vêtements pourpres et qui devaient être teints d'après les anciens procédés. Le rouge au moyen âge était aussi quelquefois de couleur mortuaire. L'Angleterre avait conservé bien longtemps cette ancienne tradition[1]. Les princes du moyen âge, leurs vasseaux, les chevaliers, les riches bourgeois avaient une prédilection pour la couleur rouge. Mais c'est surtout chez les peuples de l'Orient, pour lesquels l'Europe et spécialement les Flandres fabriquaient les draps fins, que la couleur rouge jouissait d'une faveur spéciale. Mouradja d'Hosson dit que Mahomet portait des robes rouges le vendredi et les fêtes du Beyram. Les empereurs byzantins portaient des vêtements de couleur rouge. Rien de surprenant dès lors que, presque dès le début de la fabrication de ces draps, ils furent teints pour la plus grande part en rouge à la graine et que les artisans habitués à ce genre de teinture donnèrent de bonne heure la désignation d'écarlate à la draperie fine, teinte en graine. Il nous semble intéressant de noter en terminant les différentes expressions employées au moyen âge pour désigner cette teinture en graine. Les termes latins sont très clairs, techniques : « tincto in grano, vermiculatus, coccinus, coccineus ». Le terme français dérivé de vermiculatus, vermeil, est généralement appliqué aux draps de laine et de soie teints en graine, mais il est aussi employé pour désigner n'importe quel rouge vif. Les autres désignations pour la couleur rouge comme rufin, roige, sanguin,

---

[1] Même lors de la mort de la reine Victoria on hésita un moment dans le choix de la couleur officielle de deuil, ou du rouge ou du noir.

carmin, etc., s'appliquent à tous les genres de teinture en rouge. Le mot « brasa », qu'on rencontre quelquefois, est emprunté au germanique.

Si cette petite étude (qui n'est qu'une ébauche) pouvait fournir quelques renseignements intéressants aux chercheurs engagés dans la même voie, nous serions heureux de leur avoir été utile. Puisse-t-elle également suggérer l'idée de recherches analogues aux collègues qui se trouvent en contact avec l'industrie textile.

TABLE

Lyon. — Imp. A. REY, 4, rue Gentil. — 37974